人生从此不逃避

建立强大的心理优势

陈人通——著

国家一级出版社 中国纺织出版社 全国百佳图书出版单位

内 容 提 要

人生之旅，活着并不容易，所以我们忙着不断追求物质利益的时候，不要忘了停下匆匆的脚步，抽出时间修心，不要让这烦琐芜杂的生活堵住我们的心灵之泉。

本书讲述了生活中的我们应当如何在各种情境下学会建立强大的心理优势，学会真正拥有不逃避的人生。

图书在版编目（CIP）数据

人生从此不逃避：建立强大的心理优势／陈人通著.
--北京：中国纺织出版社，2019.7
ISBN 978-7-5180-6061-0

Ⅰ.①人… Ⅱ.①陈… Ⅲ.①成功心理—通俗读物
Ⅳ.①B848.4-49

中国版本图书馆CIP数据核字（2019）第087736号

责任编辑：闫　星　　　特约编辑：李　杨
特约编辑：楼旭红　　　责任印制：储志伟

中国纺织出版社出版发行
地址：北京市朝阳区百子湾东里A407号楼　邮政编码：100124
销售电话：010-67004422　传真：010-87155801
http：//www.c-textilep.com
E-mail：faxing@c-textilep.com
中国纺织出版社天猫旗舰店
官方微博http：//weibo.com/2119887771
三河市延风印装有限公司印刷　各地新华书店经销
2019年7月第1版第1次印刷
开本：880×1230　1/32　印张：6.5
字数：182千字　定价：39.80元

前言

我的一个朋友讲过这样一个亲身经历：刚刚生完小孩的那段时间，作为一个新手妈妈，她面对新生命的需求以及脱离可控范围内的变化本就有着无数的慌乱和迷惘、沮丧；偏偏祸不单行，家中外婆病重，她的母亲只得抛下她们娘俩回去照顾外婆最后一段时间。那时刚好她产假结束，不近人情的老板以她未能按时回去上班为由劝她自动离职。朋友说，那一刻，她感觉诸事不顺，天要塌了。但是，好在她足够坚强，调整好心情以后决定重新找工作重头开始。幸运的是，这位朋友真的很快就找到了一个实力更强的公司，顺利就职。

然而，朋友以为新生活就这么开始了的时候，又发现，自己竟在不知不觉中变得畏惧接受新事物，畏惧一切不适应。而这些正是她产后生活的这段时间带给她的负面影响和糟糕的后遗症。为此，她曾向我求助，也就此，我有了编写此书的想法。

确实，我们的人生其实就是由一个个选择组合而成，我们每个人的当下其实都是由过去的选择造就。当我们作出一个选择的时候，这个选择会帮助我们促成下一个选择。我们的人生就是这样，此消彼长，有舍才有得。作选择的时候，或许很难，但是也正是选择给了我们机会，让我们可以发挥出以往我们不曾展现的特质，而前提就是：请你不要逃避。可以说，面对一些看似存在的风险，只要你坚定地选择不逃避，机会就有可能在适当的时机出现在我们的生命里，带领我们进入更新的大胆、刺激的领域，带给我们重生的契机。因此，也可以说，是选择，让我们得以真正地活着。并且，不管此时此刻你作出的选择有多小，其实都会反映你是一个怎样的人。

朋友说她进入新单位以后还发现一个问题：自己是“讨好型人格”，所以总是希望很快就能得到所有人的认同，但显然，世界很大，你没有办法左右所有人的想法，让他们都喜欢上你。其实，这也跟我们自己的心理防御机制有关，我们需要变得足够强大，更需要学会调整自己的目标，这样才能让自己的“讨好型人格”有所缓解。就好比你定了一个跑10圈的目标，你以为自己能够做到，但其实已经超出了你的能力范围，实际你只能跑1圈并且跑得很好，这时，如果你从一开始就定了跑1圈的目标，你的心理状态是不是就不一样了？因此，我们完全有理由说：如果你觉得一件事情很难，也许是你把目标定得太高。当你学会拆解任务，将大目标化为小目标，一步一步稳步向前的时候，你就能够离你的梦想越来越近。“讨好型人格”其实也是如此，你对别人抱有过多的不切实际的期待，所以才会有许多的失败和沮丧，但其实，别人对你的评价并没有你想象中的那么重要。

很多时候，与其花时间去寻求别人给予的肯定，去羡慕别人，不如将所有的精力都放在做好自己上面。当你看到自己的优势，找到属于自己位置的时候，你自然就会知道：人生大可不必去和任何人比较，重要的只是认真做好自己的事情，走好自己的路。只要合理规划好自己每天的生活，脚踏实地地一步步向前迈进，锻炼自己的强大内心，建立强大的心理优势，我们的人生终将与众不同！

编著者

2019年2月

目录

第1章

内心足够强大，人生才能一往无前

生活在信息社会，走在熙熙攘攘的街道上，游刃于错综复杂的职场里，其实，我们每天都会遇到各种诱惑。有功名利禄，有名誉地位，也有财富奢华，无论我们是什么样的态度，总有某一方面能够刺激到我们的欲望，撩拨到我们敏感的神经，影响到我们的生活。这一切看似无解，但是，只要找到方法，便可以化解于无形。因为，人生，其实就是一场心灵的旅行。只要我们的心理足够强大，就能战胜外部的一切困难，在人生的道路上一往无前。毕竟，这世上最宝贵的财富不在别处，而在陪伴我们一生的心灵之中。

做内心强大的自我

什么样叫作内心强大？私以为，所谓内心强大，其实就是坚定自我。通俗点讲，就是对自己充分地相信以及肯定，不会轻易被外界的言论或行为改变自我原先的想法。这很难，因为我们总是会受到各种因素的制约。尽管很难，但是我们仍需去做，因为这很重要。就像罗曼·罗兰曾经说过的："先相信自己，然后别人才会相信你。"这个道理其实很好理解，确实，如果你自己都不能相信你自己，你又凭什么指望别人相信你呢？而相信自己，不论在任何情况下都要坚定自己，这是一个过程，更是一个我们必须掌握的能力，因为这代表着你内心强大的气场与足够的自信。这强大的气场与足够的自信来自你的专业和成就，更来自你的实力。而当你有了足够强的实力之时，不必言说，你也会有一个强大的内心，这是一个良性循环，值得我们每个人都去争取并拥有。

世界著名指挥家小泽征尔的故事至今令我印象深刻：

某年，小泽征尔受邀去参加一个世界优秀指挥家的大赛并顺利进入决赛。在决赛中，他按照评委会给出的乐谱指挥奏乐，敏锐地发现其中隐藏的不和谐的声音。一开始，小泽征尔以为是乐队的演奏出现了问题，于是停下来重新指挥。但是，到了演奏阶段，还是出现了不和谐的声音。他再次停下来仔细检查，最终认定是评委给的乐谱出了差错。而当他提出自己疑问的时候，在场的世界级著名作曲家和评委会的权威人士都坚持说乐谱绝对没有问题，肯定是他自己指挥错了。而小泽征尔思索一番，最终，还是斩钉截铁地说道："不，一定是乐谱错了！"谁知，话音刚落，大赛的评委就全部起立，向他报以热烈的掌声，祝贺他获得冠军。

原来，这演奏中不和谐的声音，这出错的乐谱，正是评委们精心设计的陷阱。而评委们设计这样的陷阱，考量的并不是每个选手的专业能力，而是每个选手的内心力量。只有对自我专业能力绝对地肯定与自信，才是真正内心强大的人，而只有生理以及心理都足够强大，才能成为当之无愧的冠军。

亲爱的朋友，一个人内心足够强大的前提是对自我能力的绝对肯定和自信，而自信正是我们成才与成功的重要条件。自信不但能够带给我们莫大的力量，催促我们不断进取。同时，也能够帮助我们产生巨大的能量，催促我们不断向上。它既是我们人生路上一种强大的驱动力，也是一种强大的自我约束力：约束自己，足够相信自己的能力，即便遇到任何艰难险阻，也相信自己一定能够克服。最终，通过脚踏实地的努力，得以与成功牵手。

很多时候，自信的人之所以能够成功，是因为他们知道如何将自己的优势发挥到极致。而大多数人，很多时候都在努力改正自我的缺点。每当面对别人指责的时候，我们的第一反应都是“我有错”，因为我们总是希望能够将我们所有的缺点都变成优点。但是，亲爱的朋友，请不要忘记：人无完人，这是真实的存在。改正自我缺点的过程或许能够在某一阶段获得成功，但绝无可能永远都获得成功。因为你会发现，在改正一个缺点的过程中，我们总是会遇到更多的困难和痛苦，因而变得更加忧郁和沮丧。这并不是说我们不如就此放弃对自我的改善，而是提醒我们应当选用正确的方式面对自我的缺陷。

其实，亲爱的朋友，我们完全可以换个思路，不要再急于否定自己并改变自我，而应学会“强化自己的优点，并管理好自己的缺点”。也就是说，我们要在自身能力不足的地方尽力做到最好，将可能的错误率降到最低，并将大部分的时间和精力花费在自己有兴趣并擅长的事情上，从而获得无比的自信。其实在一般情况下我们都能够对自我作出正确的评价，也都能够相信自己拥有某种潜能可以实现某个目标。但是，生命中总会有某一时刻或者阶段令我们在遇到某些困难的时候方寸大乱，对自我产生怀疑，继而失去前进的动力。但其实，亲爱的朋友，很多时候并不是因为有些事情难以做到我们才会失去自信，而是因为我们没有自信，有些事情才难以做到。很多时候，失败与成功，往往也就在一念之间、一墙之隔。我们所需要的不过是鼓起勇气，坚定自我，然后一往无前。

亲爱的朋友，请你相信，困难不过都是纸老虎。其实很多时候，只要我们坚定自我的内心，面对质疑仍然相信自己能够找到攻克困难的办法，最终就一定能够获得成功。人生在世，我们会遇到很多的人和事，会经历很多的变动与改变。我们每个人都有各自的经历，最终形成不同的价值观念，并且我们都渴望能够得到别人的认同与肯定。这样的情况下，必定会经历“说服别人”以及“被说服”的过程。如果因为自己的不了解不专业而被说服，这一切不过是我们获得学习和成长的必然经历。而当我们有了足够的能力，事情的标准也在存可变动的范围时，面对质疑与说服，我们应该明确的只有坚定自己的内心，做最强大的自己。

内心的力量超乎你的想象

现实生活中的我们，有人先天身体条件就比较好，锻炼身体总是能够事半功倍。而有的人，即便后天再努力，再刻苦地锻炼，也还是无法练就一身的肌肉。这是先天就存在的身体条件差异，我们即便在意也无法改变，只能尽力做好自己。而内心也是一样，我们并非如同机器设定般要么内心强大，要么内心脆弱。我们每个人的内心中其实都有一定的力量，只不过这种力量有大小之分，有可以提升的空间。其实只要通过对自我情绪的调节与管理，加强对自我的认同与肯定，内心的力量就会超乎你的想象，而这种力量也足以改变你的人生。

在我二十几年的人生中，真正令我敬佩的人其实并不多，但有一个朋友是其中一个。当然，我所说的人也仅限于真正跟我有过交集的“可以触碰”到的人。这个朋友之所以令我敬佩，就是因为她强大的内心与无畏的自我。她其实从小就患有严重的口吃，说话的时候口齿不清。这样一个漂亮的小女孩，经常会让人觉得很遗憾。但是好在她有一个好母亲，小时候的她每当在外面受到小朋友的嘲笑，哭着回家跟母亲抱怨的时候，她的母亲总会安慰她：“那是因为你有一个最聪明的大脑，你的大脑太聪明，运转太快，以至于这世上没有一个舌头能跟得上它的速度。所以，你要好好开动你的大脑，让别的小朋友也羡慕你。”母亲感受到了她的烦恼，便经常在她的面前强调她聪明的大脑，以此将她口吃的缺陷变成对她的激励。就这样，在母亲的鼓励下，朋友对自己口吃的缺陷也就不再放在心上。她从未因为担心自己的口吃而不敢去争取某些机会，相反，因为她从心底里认定自己有着一个比常人都要聪明的大脑，所以不论做什么，总是对自己充满信心。而令人欣慰的是，大部人在发现朋友的这一缺陷之后，对她的个人能力以及专业水平往往会更加敬佩。这无疑给朋友的人生带来了更多的希望与便捷。后来，朋友想要成为一名排球运动员，但是感觉自己身高并不占优势。当她询问自己母亲的时候，她的母亲再一次坚定地告诉她：“没有关系，只要你想，就努力去做吧，你一定会成功的。”就这样，朋友参加了排球队，尽管她是队员里面最矮的一个，但她是最敢于接受挑战的一个。现在，朋友已经小有所成，在省排球队成为全队的核心人物，所在的队伍也多次获得全国锦标赛的冠军。

亲爱的朋友，你发现没有，人生其实就是这样：最终能够拉开人与人之间差距的，往往是发自你内心的力量。因为内心力量的强大不仅会给我们带来自信，更会改变我们的思维方式。很多时候，即使我们的起点相同，最终也会因思维方式的不同，拥有完全不一样的人生。因此，亲爱的朋友，遇到问题时，请学会换个角度思考。当思绪杂乱时，将问题有条理地列出来各个击破……有时，不是你不够努力，而是你的思维方式与对待问题的态度需要更新。只有找到正确的方法再去努力，才能事半功倍。

想象一下这种情况：当你来到一个陌生的环境，周围的一切总是让你感到焦虑。这时，如果你为了减轻焦虑而刻意避免与新同事交流，那么，你和新同事之间的交流势必越来越少，你的新同事也越发不可能主动与你进行攀谈。于是某天，当你走进休息室的时候，你从门厅里聚集的人群中穿过，却没有任何人跟你说话。这时，你会想什么？你可能会想：我可能真的不擅长和他们打交道。而你越是对自己产生怀疑，你和别人的交流就会越困难，你就越不愿意和同事们进行交流。由此，形成一个恶性循环。但其实，只要你转变思想，用积极的心态去思考并面对一切，去除你内心中隐藏的不合理的想法，而从一种更加切合实际的角度去思考并不断地尝试，最终，你会发现，其实这一切并没有你想象中的那么难。

亲爱的朋友，当我们面对新鲜事物时，很多人的第一直觉往往是后退一步，找出各种理由避免面对未知。殊不知，人生中的多少次机遇，有可能正是被我们用这些理由，在未知中就拒绝了。因此，亲爱的朋友，面对未知的风险与挑战，我们要学会走出舒适区，从内心鼓舞自己不要惧怕。只有快速思考并立即行动，才是让我们不错过机遇的最好方式。并且在这一次次的尝试中，你会发现，你内心的力量超乎你的想象。因此，我们可以毫不夸张地说：只要你想，你就可以无所畏惧。

转变心态，是成功的前提

当人生陷入所谓绝境的时候，你会做什么？是继续向前奔跑还是就此放弃？

A曾经在工作中有过这样一段经历。

领导说："这个月我们要达到5000万元的销售业绩。"销售员A说："不可能，我们最多也就只能做到100万元。"领导问"为什么这么说？"A回答："因为我们店的历史最高纪录也就只有100万元。"领导问："历史记录代表什么？"A说："代表我们的过去，也代表我们有可能的希望。"领导又问："所以，过去能决定未来？因为没有希望，所以首先就选择放弃？"A不再说话。

请问，领导错了吗？A错了吗？其实都没有。只不过，领导想的是有努力才会有希望，而A认定的是因为看到了希望，所以才决定是否去努力。努力与希望的顺序不一样，各自的人生性质也会完全不一样。

历史上曾有过一个培养全世界最杰出推销员的机构——布鲁金斯学会。关于这个学会，曾流传过这样一个故事：

布鲁金斯学会有一个非常出名的传统，就是在每期学员毕业的时候，他们都会设计一道实习题让学生去完成。每期的题目都号称全世界最难的推销题，目的就是检验学员的推销能力。在克林顿当政期间，他们出了这么一道题目：请把一条普通内裤推销给现任总统。然而8年的时间过去了，无数的学员为此绞尽脑汁，最终都无功而返。后来，克林顿卸任，布什当政，学院领导又给当期毕业的学员出了一个新的销售题目：请把一把斧子推销给现任的布什总统。上一道实习题目历时8年都没有一个人取得成功，鉴于此，很多学员都知难而退，根本就没有想过要去努力尝试，甚至有个别学员笑言这道题目会和克林顿当政期间的题目一样毫无结果。

然而，就在众多学员都信心全无的时候，有一个叫乔治·赫伯特的人想要试一试，因为他通过收集相关信息注意到总统有一个农场，那个农场里种着一些树木但已经枯萎，需要砍伐，正好要用到斧子。于是，他便尝试着给布什寄去了一封信。在信里，他说自己有一把非常适合料理农场枯萎树木的斧头，只需要15美元。布什如果买了这把斧头自己修理农场，别人一定会觉得总统非常地亲民，一定能够积攒更多的人气，最后，他在信中提出希望布什能够给他这个提供服务的机会。而最终的结果令人惊喜：布什真的给他回寄了15美元，买下了那把斧头。

于是，2001年，为了表彰乔治·赫伯特的成功，布鲁金斯学会将刻有“最伟大的推销员”的一只金靴子颁发给他。在颁奖典礼上，布鲁金斯学会院长动情地说道：“26年间，布鲁金斯学会培养出了数以万计的推销员，造就了数以百计的百万富翁。但是，我们从未给他们中的某个人颁发过这个奖项。这并不是因为他们不值得拥有，而是因为我们一直都在寻找这样一个人。这个人不会因为许多人说某一个目标绝对不可能实现就选择放弃，也不会因为某件事情难以办到就失去自信。而令人激动的是，就在今天，我们终于找到了这个人，他就是乔治·赫伯特。”

其实，亲爱的朋友，很多时候，只要我们坚定信心，相信自我，就一定能够找出攻克困难的方法。就如同布鲁金斯学会的乔治·赫伯特，在其他学员都认为推销斧子给布什总统是件不可能完成的任务，因而干脆放弃时，只有他从未对自己失去信心，他鼓起勇气尝试，最终获得了成功。其实人生并不是因为有了希望而去努力，而是因为足够努力才会有更多的希望。

亲爱的朋友，人生很多时候就是这样，当你先入为主认为你一定不会成功的时候，还没开始其实你就已经输了。人生在世，不可能所有的事情都会一帆风顺，遇到挫折可以说是家常便饭，如果面对挫折，没有一颗强大的内心以及百折不挠的心态，迎接我们的只会是哭丧着脸的失败。反之，如果我们能够用积极的心态去调整自己的内心，即便遇到了暂时难以克服的困难，也会鼓励自己勇敢尝试，最终，一定能够有不一样的收获。亲爱的朋友，也许你小时候学琴觉得很辛苦，但长大后你会发现有个技能能为你的人生添色不少；也许上学的时候觉得学英语背单词很辛苦，但后来，会英语成了找工作的必要条件。其实这世间的所有成就，从没有什么是能够轻松获得的。而你所有的困难，也都不会白白经历。只要改变对待人生困难的态度，当下的一切努力，都会让你的未来更加美好。

用努力改写人生的命运

记得在看综艺节目《极限挑战》的时候，某一期里面讲到“人生起跑线”这个主题。在节目中，问完所有的孩子后，主持人让5位嘉宾站在同一起跑线上，统一问了他们几个问题，每一个问题的答案都对应着留在原地或前进的步数。提出的问题分别是：你的父母是否接受过大学以上的教育？你是否有过一次出国的经历？你的父母是否有能力支持你学习的特长？是否为你请过一对一的家教？是否承诺过会送你出国留学？你的父母是否视你为他们的骄傲？

最终的结果令人震惊：除了罗志祥和孙红雷因为最后一个提问“你的父母是否视你为他们的骄傲”而前进了6步，其他的人（黄磊、黄渤、王迅）一直留在原地。“极限男人帮”这5位嘉宾都可以算得上大众眼中的成功人士，而他们却有着这么艰苦的原生家庭。而即便曾经的命运很苦，他们也通过自己的努力实现了人生的逆袭。

因此，亲爱的朋友，请你相信，原生家庭的影响，曾经的悲惨命运，或许都是我们无法改变并无法忽视的因素，但是，人生从来就不是一场短跑，而是一场马拉松。值得庆幸的是，没有任何一场马拉松的结果，是由起跑的好坏来决定的。因为它拼的从来都不是起点和爆发力，而是我们的耐力和一往无前的勇气。身处不同的起跑线只是让我们在奔跑过程中看到不一样的风景。亲爱的朋友，人生艰难的点从来都不是面对前方的光明，努力向前奔跑所带来的劳累与痛苦，而是面对眼前的黑暗与迷茫，却依旧有不断拼搏、克服万难的勇气和一颗从不放弃的心。

生活中的我们总是会听到很多人说："不要让自己输在起跑线上。"这看似简单的一句话却隐藏着一个令人深思的问题：何为起跑线？决定起跑线在哪里的因素是什么？那些从一开始就输在起跑线上的人，最终都怎么样了？在当期的节目里面，面对6个问题，有的人一路遥遥领先，有的人茫然无措地站在原地，一步未动。这时，你会发现，原来很多时候，你我都未曾来得及做什么，我们的差距就已经有这么大了。而这也正是所谓的"你的本来"跟"我的本来"从来就不一样。这样的事实未免让人有点灰心与沮丧，但是，亲爱的朋友，这是客观事实的存在，纵然你不喜欢也只能学会接受并正视。

我们都知道原生家庭会对一个人的成长产生巨大的影响。但这"巨大的影响"到底有多巨大，则是我们未曾仔细想象或有机会考量的，而通过节目中的实验，我们才发现：原来原生家庭不仅决定了孩子的起点，还影响到了孩子的终点。父母是孩子的第一任老师，在我们对世界还一无所知的时候，是他们帮我们勾画出了未来的形状。有的父母重视教育，于是经常带孩子走出家门，带孩子去看最广阔的天空；而有的父母却相信读书无用论，一直拘泥于眼前，甚至折断孩子想要飞翔的翅膀……没错，人与人的起点，真的不一样。也确实，人生本来就不太公平，有些人拼尽全力才能得到的东西，对于某些人来说，是与生俱来的。但是，亲爱的朋友，难道一开始落在后面的人，就只能认命了吗？当然不是。就像节目里，起跑枪响的那一刻，所有的人都在往前冲，但越是落在后面的，越是拼命。那些差距在你眼里看来是致命伤，而在懂得改变和努力的人眼中却能激发不顾一切、奋勇向前的决心。原生家庭，所谓的人生命运，决定的不过是你奔跑的起点和沿路的风景。这些客观存在的差距固然无法改变，但我们可以努力改变自己。就像“极限男人帮”一样，他们也同样未曾得到过原生家庭的优待，但这完全不影响他们通过自身的努力成为现在这样更优秀、更好的自己。亲爱的朋友，请你记住：没有伞的人从来都不应该只是站在原地等待，命运从来不会因为你的软弱而对你有丝毫的怜悯。只有努力向前奔跑、拼尽全力，才能改变自己的命运。

因此，亲爱的朋友，请你相信：读书、努力是实现阶层逆袭的唯一捷径。在你没有经历之前，或许你会怀疑努力的真实作用。但是当你真的上了“211”“985”你就会知道，所谓的“读书无用论”不过都是骗人的。那张薄薄的文凭，虽然没有决定你的整个人生，却决定了你第一份工作的薪酬和待遇，影响了你未来10年甚至几十年的人脉，甚至是整个人生。所谓知识影响眼界，眼界影响格局，格局决定人生。所以，亲爱的朋友，请你相信努力奋斗的意义，因为它才是体现你人生价值的所在，才是你改变人生本来命运的所在，更是你越来越幸运的所在。

调整自我，学会掌握积极的心理暗示

有一位著名的足球教练，他带领的球队总是能够获得比赛的胜利。有记者采访他是否有什么不一样的法宝，他只回答了“让他们拥有足够的自信”这一句话。记者追问是通过什么样的方式让每一个球员都获得自信，教练娓娓道来。原来，每次上场之前，教练都会要求他的球员回忆自己最得意的一次比赛，让他们把自己最得意的比赛与一个动作联系起来，不断地练习。每当球员做到这个动作的时候，就能够下意识地想到令自己得意的比赛，然后在每次比赛前都反复地对这个动作进行练习来给大脑足够多的成功暗示，从而增强自己的信心。

或许会有人说，这样的故事应该也就是哄骗一下没有眼界的小孩子吧。确实，生活在现实世界中，我们每个人都有过低迷沮丧的时候。在那个当下，如果只是一味地告诉自己，只要多多鼓励自己，多给自己积极的心理暗示，一切就都会过去的。这样的说辞未免太过空洞，也太过理想。但是，这并不代表“积极的心理暗示”对我们每个人就真的一点用处都没有。单纯地依靠意志来克服困难也许太过单薄，也太过虚无。但是只有你对未来的自己有信心，一切才会有更好的开始，不是吗？

物质决定意识，但是意识也对物质有着巨大的影响力。当你心怀信心和希望的时候，即便遇到了一点小困难，你也可以在短暂的低迷之后选择迅速调整，重新开始。如果面对困难没有了信心，可能你就会连再试一次的勇气都没有，更何谈取得最终的成功呢？

曾经有很多次，晓畅都在考虑自己动手给年幼的女儿制作辅食蛋糕。然而，晓畅将自己的想法告诉家人的时候，收获了家人一致的“嘲笑”。因为晓畅从小的手工就不是很优秀，偶尔一时兴起在家里所作的尝试也都以失败告终。晓畅的家人一直劝慰晓畅不要再白白地浪费时间与材料。

然而，这一切并未打消晓畅对烘焙的跃跃欲试。某个星期，晓畅终于提前买好了一切的工具并准备好了所有的材料，准备给女儿制作蛋黄溶豆。周六早上，晓畅兴致勃勃地开始了制作。她从网上找来制作食谱，根据教程一丝不苟地调制着配方，直到进入烤箱前的最后一步，一切都进展顺利。10分钟之后，第一锅溶豆即将出炉，家中到处弥漫着溶豆的奶香味，家人很高兴，为晓畅的尝试成功欢欣不已。然而，等到烤箱停止运转，真正将溶豆拿出的时候，才发现并不是每一个溶豆都变成一颗饱满的小豆子。中间区域的溶豆都有着不同程度的损伤。晓畅立刻积极地尝试了第二锅，谁知第二锅溶豆放进烤箱刚刚不到5分钟就闻到了焦味。晓畅立刻打开烤箱将溶豆取出来，但是已然改变不了溶豆变焦的事实。晓畅并不气馁，立刻开始了第三次尝试，没想到第三次还是一样的结果，刚刚放进去一两分钟，有的溶豆就出现了烤焦的情况，而有的溶豆还没有变熟。眼看着晓畅的尝试一次次失败，家人终于按捺不住，开始七嘴八舌地发表自己的见解，增加了晓畅内心的焦虑。

然而，焦虑并没有改变任何事实，也没有解决溶豆一进入烤箱很快就变焦的问题。一次次的尝试带来的劳累以及家人七嘴八舌的反对声音让晓畅越来越沮丧，一度想要放弃。在情绪即将爆发的临界点，晓畅逼迫自己冷静下来，先休息一下，养精蓄锐，调整一下心情，再重新尝试。午后，晓畅的家人都在午休，晓畅再一次地进行了尝试，结果太心急，原料没有打发好，材料在进入烤箱之前就没有达到预期的效果，更不要说后续的步骤了。这一下，晓畅的心情沮丧到了极点，看着厨房台面上被浪费的材料，晓畅的内心无比难受。难受之下，她将所有调制好的材料扔进了垃圾桶，再也不准备尝试。

傍晚，晓畅躺在床上开始思考：如果这一次选择了放弃，可能还要再过很长一段时间自己才会有心情重新开始尝试。并且这一次遇到的问题并没有解决，下一次的尝试还是会有失败的危机。想到这里，晓畅立刻起身准备再试一次。她给自己打气：这一次，一定会成功。家人看到晓畅从沮丧中走出来也很高兴，纷纷为晓畅打气加油。这一次，晓畅选择了用轻松自信的心态来面对可能遇到的问题。在之前频频出现误差的阶段，晓畅果断进行了新的调试，或许是时运逆转，或许是由于多次的练习而水到渠成，这一次的溶豆成功了。厨房里弥漫着诱人的香气，烤箱内的溶豆像一个个快乐的小胖子微微颤抖。溶豆顺利出炉，晓畅也终于做出了完美的溶豆。

很多时候，在遇到困难的当下，我们的心情都会是沮丧并且灰暗的。但其实，亲爱的朋友，一次的失败并不代表你的人生就是失败的。沮丧心情下的所思所想也大多不是理性并正确的。在心情低落的时候我们总是很容易就陷入“全世界的人都要抛弃我了”“人生哪里都失败”这样的负面情绪中，所以在沮丧的当下，不要作出任何决定,而是坚定地告诉自己:保持积极，保持自信，一切都会好的！最终，等你走出阴霾，回头看的时候，你会发现：人生的确如此，是否快乐其实完全取决于你的心态。只要保持积极向上的心理状态，任何的困难都会迎刃而解。或许根据灾难程度的不同，努力恢复以及等待的时间会有所偏差，但是人生必定只会越来越好。

活成你自己，别人的眼光和评说不必放心里

心理学家克里夫顿曾经说过：“判断一个人是不是成功，最主要的是看他是否最大限度地发挥了自己的优势。”生而为人，我们都是有着个人独特优势的个体。有人优势众多，擅长方方面面，有人或许只擅长于某一方面。而优势本身的数量并不重要，能否将个人所拥有的优势发挥到极致才是我们工作生活中的重中之重，而发挥自我优势最为重要及基础的一步就是认知自我。将生活真正过成自己的，而不必在乎他人的眼光和不重要的评说。

没有人有义务去懂你

有人说过这么一句话："如果每个人都能够理解你，那你该普通成什么样子？"听到这句话的时候，我深以为然并有醍醐灌顶之感。无独有偶，有人对于别人对自己的非议也轻松回应道："那都不是事儿。而我们最重要的一点就是要学会面对恐惧。将生活过成段子，才是这个世界原有的样子。如果你指望这个世界上所有的人都能够理解你，那你想想，你自己该普通成什么样子？我并没有觉得像一个老成的人有多好，也没有觉得像一个幼稚的小孩有多好，我只是觉得我们应该忠于自我，活成你自己就好了。"

确实，面对人生中的很多事情，我们应该渐渐学会用积极的态度平和对待。我们会越来越明白：人生中很多你所认为的理所当然，其实都只是自己的一厢情愿，其实，这世上并没有人有义务必须去懂你。即便是你身边的家人朋友，甚至最亲密的爱人，也没有义务必须去懂你。

曾经，有一个女性朋友经常跟我抱怨她男朋友的不贴心和粗线条。在听多了她的抱怨之后，我问她："既然觉得忍受不了为什么不选择分手呢？既然不想分手，为什么不直接告诉他你需要什么呢？”女性朋友委屈地说道：“他是我男朋友啊，他就应该知道我的喜好，懂我想要的是什么呀！”我黑着脸继续问她：“那你父母知道你喜欢什么、讨厌什么吗？会知道你什么时候想吃冰淇淋而不是烤鸡翅吗？”姑娘一脸不屑地回我：“我爸妈不一定知道，但是男朋友跟爸妈不一样啊，如果我爸妈什么都知道的话，我还要找他当我男朋友干吗呢？”还要找男朋友干吗呢？姑娘的回答让我陷入思考。这看似很有道理的话实则经不起任何的推敲。或许，在孩子的眼中，父母能够懂得自己是天经地义的事情。对于爱人，我们也总是觉得对方的理解和懂得是理所当然。但其实，是我们自己为这单纯的爱附加了太多的条件和理所当然。我们总是想当然地觉得既然相爱就应该足够懂得，实则，相爱到一定的程度，互相有了足够的了解的确能够达到这样的默契程度。但是在一切还没有水到渠成之前，想要收获，就应该要有所付出。只有坦诚以待，互相沟通，愿意给对方了解你的机会，愿意付出互相沟通的时间才能够有机会被了解、被认可。

因为不被理解而产生的失落感，因为不被认可而产生的沮丧感，抑或因为不被支持而产生的挫败感是我们每个人都不想经历或拥有的。但其实，亲爱的朋友，作为独立的个体，我们有着各自不同的经历，形成了不同的三观和立场，因而对同一件事情有着不同的态度，这不是一件很正常的事情吗？既是如此，我们又有何能力、何种资格去要求别人一定要能够理解我们、包容我们呢？亲爱的朋友，每个人都希望被理解、被认可被赞同。但如果真的每个人都是同一种思想，同一个声音，又何来我们丰富多彩的现实世界呢？人生不正是因为和而不同而更精彩吗？就像以前看到过这样的一段话：每个人都希望自己处在兼容并包的思想氛围中，每个人都希望有民主的声音，可真到了自己身上，连与隔壁邻居的消费观念不同都会看不惯，关起门来评论一番。

亲爱的朋友，希望你能够明白:宇宙很大，世界很忙。有一千个读者，就有一千个哈姆雷特。面对同一件事情，我们可以有着很多的角度和方法，也可以有着不同的见解和认知。而这，也正是我们为之奋斗了数千年才争取到的自由和权利。因此，亲爱的朋友，不要总是以为，别人就应该有着和你一样的思想与行动。这世上的很多事情都是各有各的道理，只是你入戏太深，太过执拗，所以你认为对的那一方，就一定是对的。而等你阅尽千帆，有所经历以后，你会发现曾经的自己是多么地天真与可笑。请你牢记：这世上，没有人有义务去懂你。坚定地做好自己，才能拥有真正属于自己的美好人生。

坚强使你成为喜欢的样子

在电视剧《延禧攻略》中，女主角魏璎珞的人设圈粉无数。究其原因，可以说是大家对忍辱负重的人设忍耐到了极点，而性格泼辣的主角一路开挂的剧情反倒让大家看得很带感。打开弹幕，满屏的“我不想看什么迂回，不想看什么以德报怨，更不想看什么受尽委屈、到头来还要原谅伤害自己的人”，可以说是淋漓尽致地展现了当代年轻观众的观剧诉求：我们喜欢大女主。

而何为大女主？私以为，大女主就是始终将命运把握在自己手中，而不是遇到一点困难就将自身交托于别人手中，能够通过奋斗使自己成为自己喜欢的样子的女性。电视剧《延禧攻略》中，有这样令人印象深刻的一幕：宫中的“老人”张嬷嬷出于对璎珞的保护，想要带着她观看一下在宫中多管闲事的下场。于是璎珞就目睹了宫妃怡嫔因被当众掌掴受辱而上吊身亡事。张嬷嬷看到被惊呆的璎珞，满心欢喜地以为她以后一定会吸取教训，学会“多一事不如少一事”。结果璎珞却趁机表明了自己的观点：被侮辱了就要去死吗？若是我，就算千万人唾弃，我也会唾面自干，因为活着就还有扳回一城的机会，死了就真的什么都没有了。璎珞是这么说的，也是这么做的。

因为容貌以及绣工样样出色，璎珞曾遭受到其他绣坊女工的刁难。有绣女往她的床上泼水，璎珞没有选择隐忍而是转身提了一桶水进来，先将对方泼成了落汤鸡，然后依葫芦画瓢将对方的床铺浇湿并警告众人：敢欺负我，就休怪我无情。她不管别人惊讶的眼光，坦率勇敢地说出自己的心声：别惹我，我入宫可不是为了交朋友的，谁要是再动歪脑筋，我有的是法子报复回去。所以当她被诬陷与侍卫私通的时候，璎珞不顾外界的流言蜚语，将计就计，蛰伏以待，最终成功惩治了奸人。后来的日子里，不管是献给皇后的袍服被剪，皇帝赏赐的岁贡荔枝树被毁，还是献礼的舍利子被盗，她的第一反应从来都不是哭泣，而是立刻拼尽全力，想办法补救。就连最危险的一次，受到高贵妃的怀疑被叫去储秀宫，性命危在旦夕的时候，她也能够迅速放下自尊，连吃七碗藕粉圆子，以装疯卖傻来求生。

如果谈及对生命的渴望，整部剧中璎珞敢说第二，恐怕没人敢说第一。而这强烈的求生欲望背后，只是因为璎珞知道，一切都必须依靠自己，努力一把或许还有生还的希望，如果放弃就等于直接宣布了自己的死亡。亲爱的朋友，这世上，谁不是光要好好活着，就得拼尽全力呢？

亲爱的朋友，这世上从来只有不畏艰辛的人，才有机会享受到人生最简单的快乐。就像剧中的璎珞，面对一次次危及生命的挑战，她从不示弱，而是勇敢地坚持自我，始终将命运掌握在自己的手中，从不会因为怕麻烦而将命运的决定权假手于人。也正因为这样，她拼尽了全身力气终于将生活过成了她能接受的模样。亲爱的朋友，只有心中的梦想永不凋零，青春的花儿才会永远绽放。无论是在什么年纪，我们都应该学会坚强与忍耐，保持心中那份纯粹和天真，将生活过成自己想要的模样。你习惯于把一件事做到100分，还是只把一件事重复做100次？每个人都知道要尽力而为，但很少有人能把一件事做到精益求精。潜下心来，不骄不躁，把每一件事做到完美，你会有不一样的收获。

无须刻意迎合，原本的你就很美

电视剧《爱情公寓》中，曾经有过这么一段令人印象深刻的台词：你是个勇敢的女孩，你可以对世间的一切不平说“不”，让我赐予你力量，去捍卫你的权利。记住，天使与你同在，你本来就很美。电视播出的桥段很搞笑，然而台词表达的哲理令人深思。确实，人生在世，我们听多了对自我的否定和要求，从出生起就一直在不断地学习，追求进步，却忘了我们自己其实本来就很美。

作家毕淑敏在她的著作《我很重要》中有过这么一段描述：许多年来，没有人敢在光天化日之下表示自己“很重要"，从小到大，我们接受的教育就是——我不重要。因为当我们说出"我很重要"这句话的时候，心灵极容易被别人的批判洞伤。确实，在到处充满焦虑感的现代社会，我们总是害怕被淘汰，害怕被取代，渐渐地让自己变成了别人眼中喜欢的模样，却唯独忘了做自己。

儿童绘本《爱你本来的样子》中讲了这样一个故事：

城堡中的国王没有自己的子女，便想要在全国臣民中挑选出一个中意的作为自己的孩子。于是，他将想法告诉了全国的臣民。就这样，所有的孩子和家长都在为了能够成为那个被选中的幸运儿而努力着。为此，他们不惜花费自己所有的时间去学习各种认为"拿得出手"的才艺，为了不浪费自己的时间，他们想尽办法将自己本该做的工作假手于人。路边有摔倒的老人，田中有受伤的工人，统统都不关他们的事情。在他们的心目中，所有的其他人都比不上自己的才艺来得重要。唯独一个小女孩，依旧保持着热心与积极，主动承担着自己以及其他人的责任。最终，在约定好的日子里，所有的人都在翘首以盼。小女孩却仍旧忙着自己的事情。别人问她为什么不去参加挑选时，女孩难为情地回答道："我没有什么拿得出手的才艺，就不去了。"最终，国王偏偏就选中了她。当小女孩怯怯地向国王询问为什么的时候，国王坚定地回答道："孩子，父母爱自己的孩子就犹如我爱你，就是爱你本来的样子。我不需要你有多么聪明、多么能干，只要你用本来的样子，将你所有的时间、你的爱心和你的善良给我。”

是啊，所有人都在刻意追求结果的时候，却忘了他们早已在这过程中丢失了自己。想要成为国王的子女，我们理所当然地认为这样的子女必定应该是最最优秀的，因而在上面付诸了太多的所谓优秀标准。殊不知，国王只是想要一个真正的子女，一个不需要很优秀但是懂得向父母索取爱心、回报孝心的子女。很多时候，父母对子女、子女对父母的爱都是无私且无求的，但是因为诸多因素的困扰，我们总是难以相信这样的事实，总是在不断地试探与确认。但其实，不管试探与否，答案都是一样地肯定：父母子女互相爱对方本来的样子，不需要有任何的额外附加。因此，我们需要做的只是做好自己，因为在真正爱你的人眼中，你原本的样子就很美。

绘本故事有很多童话的成分，但说明的道理很真实：或许生活中的我们并不会有“被国王认领”这样的幸运机遇，但是面对人生中很多重要的追求时，性质也是一样地耐人寻味。2014年，自然堂改变了原本护肤品界都推崇的“女性需要修饰雕琢才能更美”的广告理念，换了一个角度，从“你本来就很美”这个立面推出了新的营销文案。这看似与护肤品相悖的理念道出了消费者渴求被人认同的心理，获得了广大受众的认可，打开了护肤品销售的新世界。

亲爱的朋友，面对生活中的很多事情，其实都是我们自以为是地为自己附加了诸多的条件限制。就好比你认为自己的长相很普通，又来自农村，便一直惧怕城市里的孩子会瞧不起你。于是处处畏缩怯弱，成了一个别人眼中胆小怯懦的你。实则，这一切只是你自己想得有点多。只要你愿意换个角度，用你原本就有的姿态平等对视，你就会发现：一切都是你想象中的样子，其实差别只存在于你自己的心中。只要你勇敢地抛弃这些桎梏，泰然处之，你会发现，生活完全就是你想象中的样子。而这一切的差别只在于，你是否发自本心地认为：无须刻意迎合，你原本的样子就很美。

忽略别人的眼光，活成你自己

《延禧攻略》火了，火到本就不怎么爱看电视的我都已经知道了它的存在，并靠着周围人热烈的讨论知晓了它的剧情。终于，在一个周末的空当，我打开电视，仔细看了几集，寻求它越来越火的原因。

几集剧情看下来，发现不管是你想看纯爱、宫斗还是反套路，几乎都能够在这部剧里找到。可以说是受众面十分广泛，也的确可以说是有备而来。但在我看来，真正能够带火这部剧的因素还是在于剧中的角色性格，而表现最为突出的当属女主角魏璎珞了。

简而言之，女主角终于不再是“傻白甜”，而变成了真正接地气的“女战士”，她为了复仇而进宫，面对敌手也会设计除去而丝毫没有手软，可以说是集腹黑与狡猾为一体，这点改变非常符合当下年轻人对于“敢爱敢恨”角色人设的诉求。而仔细观剧之后，你会发现，导演想要传达的做人理念更加值得深思。剧中的女主角魏璎珞虽然有主角光环太过强大的嫌疑，如身为一个小小宫女却能够多次在高高在上的主子们面前插嘴，按道理早就应该被赐死很多回了，但从整体来看，女主角这“一路火花带闪电”的性格设置和成长进程确实是特别带感，让一众观剧的人大呼“好爽”！

而私以为，女主角魏璎珞最让人印象深刻的就是她一身透骨的狠劲儿。抛弃以往剧中主角必定是正义善良的宽容大使，即便面对世仇最后也能够真心相待、以德报怨的属性，女主角魏璎珞的处事原则可以概括为：人不犯我我不犯人，人若犯我，我也绝不以德报怨。故事开篇，自幼丧母的璎珞在期盼了整整9年之后，等来的却是姐姐“自杀身亡”的消息。她悲痛欲绝却没有失去思考能力，反而对姐姐的死因心存疑虑。为此，她不顾家族长老的反对，甘愿冒天下之大不韪，开棺验尸。在发现姐姐脖子上的勒痕之后更是不顾父亲的极力反对，决意入宫查明真相。然而进入宫墙之内，她发现所有的人对姐姐的死都是一副讳莫如深的样子：千万不要提这个犯下大错的人，否则你也是要倒霉的。许多人在听到这样一句话之后都选择了适可而止，而璎珞却始终坚持：欠债还钱、杀人偿命是天经地义的事情，伤害姐姐的人哪怕是皇族贵胄，自己也一定要讨回公道。

虽然是普通人家的平凡女孩，但璎珞始终有着“不撞南墙不回头”的执拗，在认定了目标之后，即便明知希望渺茫，也要坚持到底，管它刀山火海都决意要闯上一闯。可以说，现实生活中的我们也应该这样，拥有这股狠劲儿、面对任何险阻都能够坚定做自我的人注定了不管在哪里都不会是弱者。即便明知自己选择的路是最难走的一条，也依旧义无反顾。亲爱的朋友，活成自己才能够明白自己真正想要的是什么。而懂得了自己真正的所想才会在追求梦想这条路上越走越坚定。生活中的我们都有这样的认知：弱者在追求梦想的路上，遇到些微阻碍便会踌躇不前，甚至放弃。反观生活中的强者，在遇到了阻碍之后从不会选择放弃，在他们的心目中，世界上最可怕、最遗憾的从不是努力了也可能失败，而是未拼尽全力之后的悔恨与感慨。“我本可以”，这4个字应该是世上最令人痛惜的一句假设了。

剧中，女主璎珞的有勇有谋固然难得，而最为难得的是，她做到了大部分人在皇宫之中都做不到的一件事情，那就是从来不在意他人的眼光，勇敢并坚定地做自己。在这一点上，整部剧中没人比她做得更好。如富察皇后，为了做好皇上眼中的贤后，几乎放弃了原本的自己；再如未黑化前的娴妃，始终为清高名声所累，即便面临家破人亡的风险，也不愿与他人拉帮结派，最后的结果却是母亲当着她的面自杀并痛斥："你在宫中活得不如一条狗，我这辈子最后悔的就是生了你这个无能的女儿。"

亲爱的朋友，太在意别人眼光的人往往都过得不快乐，甚至，会因为太在意别人的看法，失去很多。其实有所经历之后，你会发现：人生若要事事顾及他人的眼光，就算不被累死，也会没意思透顶。只有坚定勇敢地做自己，才能活成自己想要的样子，即便只是一条咸鱼，没有梦想也能够痛快地在大海里翻滚。

坚定地成为你自己

在同一片花丛中有一群小蜜蜂和小蝴蝶。蜜蜂们正在辛勤地采花蜜，蝴蝶们却到处飞舞玩耍。年幼的蜜蜂不服气，便问其中一只蝴蝶："你们是来做什么的呀？""我们没什么事情，过来游玩呀。”蝴蝶天真地回答道，又接着问蜜蜂，“那你们是来干什么的呀？”“我们过来采蜜呀，哪像你们无所事事的。”小蜜蜂得意地说道，“只有我们采了蜜，人们才能吃到美味的蜂蜜。”“这样啊，跟你们比起来，我们好像是无所事事，没有什么用呢。”小蝴蝶一时没有想起自己的优势，竟失落起来，低声回答道。而就在小蝴蝶闷闷不乐的时候，空中忽然刮起了一阵大风，蝴蝶们受到了惊吓，纷纷飞向空中。一群游玩的孩子看到天空中飞舞着的各色美丽的蝴蝶，疯狂地大叫起来，他们跟着轻盈洒脱的蝴蝶到处跑来跑去，开心得如同一群可爱的小天使。“嘿嘿，看来我们并不是一无是处。”小蝴蝶开心地说道。

是啊，蜜蜂为人们贡献的是蜂蜜，而蝴蝶贡献的则是美丽的身姿。蜂蜜能够满足人们的物质需求，美丽则能够满足人们的视觉需求。所以，蜜蜂与蝴蝶对人类来说都是有用处的，只是各自分工不同而已，因而蜜蜂与蝴蝶之间根本就没有比较的必要。亲爱的朋友，其实我们各自就正如故事中的蜜蜂与蝴蝶，这世上从没有人生来就是一无是处。相反，我们每个人其实都有自己优秀而独特的地方，这份优秀可能只是属于我们自己，别人并不知晓。而很多时候，我们之所以认为自己糟糕，其实只是因为还没有发现我们自己的优势所在而一时迷惘而已。只要我们能够及时发现自己的优势，并通过学习善于发挥自己的优势，就能够使我们的人生得到增值，创造出更加美好的未来。

人无完人，不喜欢你的人总是轻易就能够说出你的一些缺点。而生活中的我们，总是会有被别人意见左右的烦恼。亲爱的朋友，这其实是一件很正常的事情，而这也并不是我们人生最大的不幸。人生最大的不幸不是遇到的挫折有多大，困难有多少，而是我们从不知道自己到底有多么大的潜能，更不知道我们能够做些什么。亲爱的朋友，我们应该从此刻开始学会发现自己的优势，把修改缺点的时间都用在发挥自己的优势上。坦诚地接受自己的不足，既然做不了太阳就选择做天空中的星辰，在自己的星座上独立成王；既然做不了参天大树，就选择做一株悬崖边的小草，用自己的一抹清新装点希望；既然做不了宽阔的河流，就选择做山下的一汪清泉，用自己的甘甜滋润田野。只有做好自己、做对自己，才能成就我们各自的美好人生。

亲爱的朋友，做坚定的自己、本真的自我，而不必去与别人比较。私以为，人生的成功标准有很多，完全看你自己在意哪些方面，想要获得什么样的成就，拥有什么样的衡量尺度。某些大众公认的标准或许能够代表大多数人的所思所想，却不能代表每一个人的需求，也不能完全地适用每一个人的情况。就像古人曾经说过的：胜人者力，胜己者强。能够战胜别人的人或许很优秀，而真正能够战胜自己的人才能被称作真正的强者。芸芸世界，除了自己以外的都可以称之为“别人”，想要不断地超越别人只会让自己一直处于紧张的压力之下，因为“天外有天，人外有人”，这是每个人都知道的一个道理，没有任何人能够绝对自信地保证自己永远都是排在顶尖，更何况高手过招，相差不过分毫。只有真正地认清自我，将自己作为不断超越的目标，每一天的努力都是为了成为比昨天更好的自己，才能够让我们一直积极勇敢下去。

因此，亲爱的朋友，不论何时何地，都请选择做坚定的自己，而不是那个轻易与人作比较的你。遇到任何困难，都请告诉自己：“胜人者力，胜己者强。”只有认清自我的价值所在，才能够明确自我前进的动力与目标。西施很美是因为她的一颦一笑都是自己，丝毫没有任何的刻意与造作。东施效仿她，耗费了力气却也只能学到西施的表面神情，而这不适合自己的皮相之美最终只能招来他人的嘲笑，留下“东施效颦”的笑柄。因此，亲爱的朋友，坚定地做自己就好，而不要与别人相比较，因为弱小的你永远学不了别人的高大威猛，而同样，你的灵活机敏也是别人羡慕不来的独特优势。只要坚定地做自己，世界自有你一席之地。

第3章

能够管住自己的人，内心一定是强大无比的

人的一生，有晴天就有雨天，有艳阳高照的时候，就会有阴郁沉闷的时候。当生活不似预想中一帆风顺的时候，只有调整好我们自己的心态，摆正位置，管好自己的内心，管好自己的欲望，才能够品尝到生活中的欢乐，让我们更有勇气与自信去面对所有的磨难。亲爱的朋友，请你相信：面对困境，能够及时调整好自己的一切，学会管住自己的人，内心一定是强大无比的人。也只有内心足够强大，我们才能够在负重前行的同时，拥有生命中的幸福。亲爱的朋友，请你坚信：负重前行的人，也许会走得慢一些，却有更多的时间能够细致地欣赏沿途的风景。

征服自己的内心，认清自己的价值

依稀记得我临近高考还有半个月的时候，发生过这样一件事情，至今令我印象深刻。

不知道是因为考前紧张的气氛已经到了极致，大家反而放松下来，还是因为大部分的人索性抱着“破罐破摔”的心理，大家竟然表现出了比以往更加松弛的学习态度和状态。班主任吴老师见状，特意花时间给我们召开了一次考前动员大会。

班会刚开始，吴老师什么也没有说，只是拿出100元钱举在手中问我们：“你们有谁想要这张100元？”我们大家面面相觑，继而都挤眉弄眼地猜测着吴老师的意图。“有人想要吗？没有人想要的话，我就收回了，你们可不要后悔。”吴老师接着诱惑道。

“吴老师，有条件吗？”有同学提问道。

“没有任何条件，就是作一个统计，看看有谁想要这100元，我们后面做个小游戏。”吴老师微笑着回答道。

“我再问最后一次，有没有人想要这100元钱，没有人想要的话，我就真的收起来了。”吴老师提高分贝再次强调道。

话音刚落，有一个同学举起了手。很快，大部分同学都举起了手。只有少部分同学没有举手，仍作观察状。

“很好，”吴老师说道，“大部分同学都能够直视自己的内心，勇敢表达自己的想法。那么，这样呢？”只见吴老师将手中的100元钱揉进手里，崭新的红票子立刻变成了皱巴巴的一团。捏着100元揉成的一个小纸团，吴老师紧接着又问道：“现在，还有人想要吗？”

同学们虽是丈二和尚摸不着头脑，却还是配合地举起了手。刚刚正在观察的同学，也一起举起了手。“好，同学们都很真诚啊，看样子，你们都想在毕业之前敲吴老师一笔大的啊。”眼看着全班所有的同学都举起了手，吴老师打趣道。

“好，请大家把手放下，我再问大家最后一次。”吴老师边说着边将手上的100元扔到了地上还用脚在钱上狠狠地踩了几次。皱皱巴巴的100元大钞很快就变得脏兮兮的，一副惨不忍睹的模样。

“这回，还有人想要这100元吗？”吴老师再一次提问我们。

“当然想要，不管多脏这个还是100元啊。”有心直口快的同学抢答道。这一回，不出所料，班里所有的同学都举起了手。

“没错，这位同学说得很对。同学们，100元就是100元，不管老师对它做了什么，揉捏它，踩踏它还是折叠它，都没有改变这张纸币本身具有的货币价值。所以，不管老师对这张100元做什么，你们最终都会选择要拥有它，因为不管它的外表、容貌发生了什么样的变化，它的本质并没有改变。它依旧价值100元。”吴老师顿了顿嗓子，接着说道，“所以，亲爱的同学们，希望你们能够记住：人生路上的我们其实就跟这100元钱一样，我们有可能会遇到无数次的艰难险阻，我们也有会觉得自己一文不值的时候，但是无论已经发生了什么，或者是未来即将发生什么，在父母还有老师的眼中，你们永远都不会丧失掉自己的价值。就像我们大家即将要面临的高考，在各位父母的眼中，不管你考得好不好，有没有发挥出自己最好的实力，你们都是最棒的，都是他们心中的无价之宝。前提是，我们大家都应该做到全力以赴，无愧于心。”

听到吴老师深情的话语，我们大家都若有所思地低下了头，开始反省自己这段时间以来的消极态度。“同学们，距离高考还有不到半个月的时间，在这段时间里，我们大家可以做到拼尽全力去积极准备吗？”吴老师最后总结道。“可以！”我们所有人空前一致地呐喊道，是对着吴老师呐喊，也是在对着我们自己的内心呐喊。

是啊，亲爱的朋友，生命的价值其实从来都不会只依赖于我们的所作所为，也不仰仗于我们结交的人物，而是取决于我们本身。这本是最为简单质朴的道理，却因为面对诸多的艰难险阻时，我们没有学会透过现象看本质，而导致我们一时被蒙蔽了心神，忘却了自己的根本。其实，人生在世，我们每个人都是具有独特魅力的个体。很多时候，我们遇到的最大困难其实并不是别人制造的，而是我们自己未能管理好自己而产生的。

生活中的我们总是会有这样的经历：不同的两个人面对同一件事情，遇到的麻烦点和待解决点其实都是一样的，但是最终的结果往往会因人的不同而有很大的差异。因为一个是超人和另一个是普通人类吗？你我都知道这并不可能，其实不过是一个懂得掌握方法，知道及时调整自己。而另一个只会怨天尤人，将所有的责任都推干净。而我想跟你说：亲爱的朋友，永远都不要低估自己的潜能，永远都不要忘了自己的价值，就像是100元的钞票，不论遇到外界多么残酷的蹂躏，依旧改变不了它价值100元的根本。因此，亲爱的朋友，面对困境，我们需要做的并不是气急败坏，也不是悲观失落，而是征服自己的内心，认清自己的价值，坚信我们有着克服一切的本领和能力。只要你敢想，一切就皆有可能。

管住信念，坚定前进的方向

信念，在《新华词典》中的解释是：坚定的意志，人生的信仰。没错，当人生追求的梦想变得足够坚定，不被外界轻易动摇的时候，便是我们拥有能够称之为“信念”的东西的时候。人生在世，我们每个人其实都有获得成功的潜能，可有的人成功，有的人失败。这其中的区别就在于我们是否懂得如何认识自己、挖掘自己、重用自己。很多时候，我们会对自己没有信心，认为别人就是理所当然地比我们要强很多。其实，我们只是忘了：有志者，事竟成，破釜沉舟，百二秦关终属楚；苦心人，天不负，卧薪尝胆，三千越甲可吞吴。

依稀记得那一年我9岁，上三年级，初秋的一个傍晚，我在学校里得了演讲比赛的第二名。在我生活的那个小村庄里，除了父辈们长久的劳作所得，其他的商品，如果有需要的话都要靠步行或骑自行车到遥远的集镇上去采买。就是在这样简陋的环境里，我第一次参加学校的演讲比赛就得了奖。老实说，我的内心十分欢喜，因为第一名是我一直羡慕的镇上的同学，据我所知，她一直在外参加少年宫提高班。

于是，放学之后，我用最快的速度奔跑回家，想和父母分享我的喜悦，希望他们认同我的进步与优秀。回到家的时候，我有点失望，因为爸妈并不在家中。我百无聊赖地坐了一会儿，便拿出作业来写。作业快写完的时候，爸爸先回来了，手中还拿着锄头。我迫不及待地冲出去，爸爸还没来得及放下背上的工具就被我喊住了。我高兴地扬了扬手中的奖状，邀功似的递到爸爸面前，希望能够得到他的夸赞。然而，爸爸看了一眼我的奖状，没有说任何话就忙着去放工具了。我的内心无比失落，仍然不死心地追问爸爸："爸爸，我得了演讲比赛第二名，你不替我开心吗？""你输了啊。"爸爸波澜不惊地回答道。"可是，有很多人参加啊，第一名还是我跟你说过的王某燕啊，她可是一直都在少年宫里面参加培训的。"我着急地向父亲解释道。父亲却转过头，深情地对我说："希望你能够记住，你不必排在任何人的后面。"当时的我其实并不明白父亲这句话的深意，但也似懂非懂地点了点头，走开了。

说来也怪，尽管那时的我还很年幼，并未听懂父亲的话语，但是父亲说话的神情一直刻在我的脑海里，也就从那次以后，每当我为取得的一点小小成绩沾沾自喜的时候，我就会想起父亲那天说的这句话，以及当时他说这句话时严肃的神情。再后来，这一幕就变成了我生命中的明灯，每当遇到艰难险阻想要放弃的时候，这一幕就会自动浮现在我的眼前，提醒着我、鞭策着我，不断努力前进。我想，正是父亲当年的这句话给年幼的我提了个醒，让我发现了自己还有争取第一的潜能，也必须有争取第一的勇气和决心。而正是因为有了这个信念，才鼓舞着我不断奔向更高的目标。

亲爱的朋友，生活中的我们其实就是这样。冠军向来都是我们每个人梦寐以求的，而冠军之所以诱人也正是因为它只有一个。既是如此，这世上便也注定了不可能所有的人都能够事事争得第一。但是，亲爱的朋友，换个角度思考一下。试想，如果我们连争取第一的勇气和决心都没有，我们又怎么可能有成功的希望呢？

亲爱的朋友，其实，只要我们在平时的生活中能够管理好自己的信念，能够大胆地多给自己一点刺激，多一点信心、勇气、干劲，多一份胆略和毅力，就能够将埋藏在我们内心深处的潜能发挥出来，创造出连我们自己都有可能吃惊的成就。亲爱的朋友，想要成为我们想成为的人，是什么时候都可以开始的；想要去做我们想要做的事情，任何方向都值得我们去努力。当你吝啬于付出自己的汗水和能量的时候，就是无法坚定地管理自我信念的时候，这时你所走的每一条路都有可能是弯路。而当你学会管理自我信念，用坚定的意志和超强的自制力管束住自我的行动时，只要你朝着目标继续努力前进，即便当下没有获得任何明显的进步，最终你也你一定会发现：只要你足够努力与拼搏，整个世界都会为你让路。未来和梦想从来都没有想象中那么简单，也从来都不是仅靠嘴上说说，而是我们用坚定的意志和踏实的行动一步步拼搏出来的。

因此，亲爱的朋友，请你记住：管理好自己的信念，用我们最强大的内心面对这尘世的致命诱惑，最终，你一定能够品尝到生活的甘甜和梦想实现的美好。只要拿出坚定必胜的信念，拿出背水一战的勇气，激发出我们内心的潜能，最终一定能够大步迈向成功。

管理自我，摒弃虚荣

走在大街上，听到情侣吵架的时候，如果是女方没有道理，总是会听到女孩子撒娇式的“耀武扬威”：我就这样，你能怎么办？强势的语气中透露出撒娇式的理所当然和有恃无恐。仔细想来，其实这只是我们日常生活中极其常见的一幕。生活在物质财富极其丰富的现代社会，我们的生活中充斥着各种习以为常的理所当然，如女生与男生约会，似乎就应该受到优待；如在一个家庭中，女生为了子女成为家庭主妇、全职太太似乎是理所当然，职责所在，不痛不痒，而男生一旦为了子女牺牲自己的事业，成为家庭煮夫，一旦被人接受就是伟人一般的存在，受到万千人的颂扬；再如现代的我们对成功的标准似乎正变得越来越高，从前的我们走在路上看到一个人手中拎着大包小包便觉得“他真有钱，他一定很成功”，而现在的我们，不论看到别人什么样的机场照，内心都会生出“如果换成我，一定更好看”的念头。我们习惯了一边刷着朋友圈感叹着别人的幸福与轻松，一边暗自努力着将自己的生活一角打上高光，然后如法炮制地搬到朋友圈，接受着圈中好友的审阅，搜寻着别人的赞扬。也似乎只有通过别人的点赞认证，我们才会真的觉得自己是优秀的。但其实，亲爱的朋友，你我都知道：这从来不是生活的全部。

广泛的社交人群，丰富多样的社交平台都是我们生活在现代社会中的“必需品”，它们给我们带来了沟通的便利和表达的便捷，却也带来了曝光成本的降低和虚荣心理的滋长。在社会这么多“理所当然”的心理加持下，各种披着“正常”外衣的虚荣行为正大行其道，充斥着我们的生活。

前段时间，某网络平台上的一则借呗广告引起了时下年轻人的吹捧与追逐，广告实在太火，文案内容极具煽动性。说服力强到像我这般从不关注借贷平台的普通消费者在看到这则广告之后差点也按捺不住自己一颗蠢蠢欲动的心。广告视频里讲了国内3个不同城市里3个不同年轻人面临的同一困境：正当年轻却没有钱的时候，是选择向生活屈服，过符合自己经济条件的生活，还是选择向命运挑战，提前过上自己想要的生活。这选择题听来十分简单，当然是选择向命运挑战，提早享受自己想要的生活啊！于是，你看到了家中一贫如洗的少年为自己买了一辆心仪已久的摩托车开始翻山越岭；你看到了原本在一线城市内奋力拼搏的青年为自己买了一把昂贵的吉他，开始肆意弹唱，尽情挥洒；你看了一个原本为房租水电费用发愁的少女为自己报了心仪的健身班，开始刻苦锻炼，挥洒汗水。配合上视频中激情的节奏音乐，你的情绪会慢慢被点燃，直至热血澎湃，开始坚信这才是年轻人应该拥有并努力追求的生活。然而，文案之外，仔细思考：虽然因为有了借贷平台，这几位年轻人暂时拥有了梦寐以求的物件和生活，但是并未真正解决当前面临的问题和困难，甚至这些超出他们经济能力的开支反而加重了他们的负担。所谓梦寐以求的心仪生活不过是没有根基的表象，就像是沙漠中的孩童堆积起的沙堡，稍有不慎就随风飘散。

亲爱的朋友，只要你冷静下来，思考本质，你就会发现：他们不过是用一种外表的虚荣掩盖了内心的贫瘠。或许，你会认为事情并没有我所讲的那么严重。确实，如果是有足够自制能力的朋友，通过一时的借贷为自己购买一两件心仪的物品，帮助自己摆脱一时的困境，这也是值得的，并且，给自己适当的压力激励自己去不断奋斗也的确未尝不可。但是，亲爱的朋友，这一切成立的前提都应该是你是一个有着极强自控能力和稳定经济来源的人，而不是一个不谙世事的未成年或者已成年的巨婴。通过借贷似乎能够让你很容易地就提前过上想要的生活，拥有想要的物件，但是，亲爱的朋友，提前消费，本质不过是在透支你的未来。未来被透支到了一定的程度，最终只会让你陷入更大的失望和悲苦。

亲爱的朋友，人生路上，多的是能够困住你一时的小坑小洼。如果每次遇到一点困难就试图通过逃避来麻痹自己，那么你可能需要麻痹自己一辈子。试问，又有谁真的能够麻痹自己一辈子呢？短暂的麻痹过后，总会有清醒的一天。而悲剧的是，等你真正清醒的时候，可能面临的问题会比现在要大得多。因此，亲爱的朋友，人生在世，自有属于你的节奏和季节，何必要急于一时，将未来的快乐提前消耗呢？诚然，我们可以适度消费，可以想办法争取自己的所思所爱，可以给自己更加美好的期许。只是，请不要忘记“适度”二字，任何的消费与追求都不应该突破适度的范围，如果超越了你能承受的生命极限，得来的只会是被拉伤的精神与情绪。

亲爱的朋友，不去与人盲目地比较，必须弄清楚自己内心真正的所思所想。走在路上，工作在单位中，纵然有很多令你艳羡的事物存在，也不要忘记真正的本我。学会管好自己的内心，管好内心的漂浮与悸动。当被吸引而羡慕时，当被诱惑而渴望时，当被怂恿而烦躁时，学会克制与冷静，学会自我管理与控制，学会让自己放慢追逐的脚步，最终，找到属于自己、合适自己的前进步伐，你一定能够收获到真正属于你自己的鲜花和掌声。

管理自我，敬畏自我

王尔德说：爱自己，是终生浪漫的开始。我说，爱自己，是真正成年的开始。

最近，朋友紫萱突然跟我说，她列了一份余生的愿望清单，想要请我成为她的监管员，督促她一项一项地去完成。紫萱是我从小玩到大的朋友，长大以后，我们又在同一个城市结婚生子，联系更加密切。收到她的“指示”，我自然是不胜欣喜。她是一个风风火火、喜欢追求新鲜事物、紧跟时代潮流的人。就像这一次，我知道她也不会只是说说而已，只是我有点惊讶，按照她的性格来说，她并不是一个需要有外人监督才能够完成某些事情的人，事实上，在我的心里，她一直都是一个有着无比强大内心的人。于是，虽然心存疑惑，我还是让她把愿望清单发过来，想要通过清单的内容一探究竟。

清单的内容很简单，却令人动容：我想拥抱每一个我认识的人；我想要参加一次马拉松，跑在风景里，畅游在山水间；我想要去当一次空姐；我想要回一次母校，回到当初青春萌芽的地方；我想要带我女儿去钓鱼、野营、夜读，参加她每一个家长会，让她拥有一直渴望的母亲全天陪伴的温暖……清单不长，我却花了很长的时间去看完。不知不觉间，看完已经泪流满面。我知道，紫萱不会无缘无故地列出这么一份清单，直觉告诉我：她一定出事了，还是危及生命的那种。我赶紧打了个电话过去询问她的近况，电话那头的她先是一阵沉默，听到我焦急的声音之后更是泣不成声。我听到她的哭声，不再催促，开始沉默地等待。大约5分钟以后，紫萱恢复了平静，开始跟我说话。

我极力地想要控制住自己的情绪，不让我的情绪再引起她的悲伤，我慢慢坐下来，抱住自己，咬住颤抖的嘴唇，让自己尽量平静下来用尽可能轻松的语气跟她说："没事，不是还有机会吗？别那么丧，事情说不定还有转机。"尽管嘴上这么安慰着她，我的内心却一片慌乱，一片空白，再也说不出其他安慰的话语，只是一个劲地跟她重复："不要放弃希望，一定会好的。"

朋友紫萱确诊得了胃癌，所幸还没有到晚期，还有争取的余地。想起她愿望清单上列出来的一件件看似平凡的小事，我知道这对于她来说，弥足珍贵，也近乎艰难了。一个月之后再次见到紫萱的时候，她整个人已经瘦了几十斤，一头乌黑的秀发也已经因为化疗而所剩无几。但是，她的精神状态好了很多。

人啊，总是要在失去某些东西以后，才能真正去思考这些东西的意义。紫萱也是这样，见面的时候，紫萱跟我说，最近的经历让她明白：人，应该要有所敬畏。敬畏规则，敬畏自然，敬畏亲人，敬畏自己。

我知道紫萱说这话的意思。我曾说过紫萱是一个风风火火，想到什么就会立刻去做的人。殊不知，她看似坚强有主见，实则也很喜欢钻牛角尖。紫萱是做设计的，平时遇到再艰难的设计方案，再难缠的甲方都会想尽办法搞定，甚至不惜付出自己宝贵的亲子时间。曾经，我多次劝解她要学会放慢脚步，她总是嘴上答应着，心里却不以为然，总是一边跟我吐槽着甲方的难以搞定，过几天又炫耀似的跟我讲述她的“丰功伟绩”。渐渐地，我习惯了她的“阳奉阴违”，她自己也习惯了“痛苦并快乐着”，直到这一纸病危通知单将她拉回现实。

著名诗人王尔德曾经说过：“爱自己，是终生浪漫的开始。”对此，我深以为然，学会爱自己，敬畏自己，或许是我们需要学习一生的课题。敬畏自己，是为了让我们不要因为某些所谓的功利目标，给我们的身体不断加重负担；敬畏自己，源自对自己足够多的爱，因为足够爱护自己，所以学会尊重自己的身体，时刻察觉它的状态；敬畏自己，所以从不跟自己开玩笑，拿自己的健康去赌未知的明天。

亲爱的朋友，生活中总是充满许许多多的诱惑，会让你面临很多样的挑战。有时候，也会有这样的情况：只要不固执地坚持自己的原则，似乎成功就会来得更快一些。但是，亲爱的朋友，那样的你即便成功了，还是真正的你自己吗？敬畏自己，我们应当要学会爱自己，学会平视自己的内心。只有平视自己的爱与冷漠，优点和不足，勇气和胆怯，优势和缺陷，我们才有可能看清真正的自己是谁，才有可能学会真正地尊重自己。亲爱的朋友，尊重自己，接纳真实的自我，是一个人真正成熟的标志，是一个人学会与世界和解的开始。有时候，我们不够那么爱自己的原因，往往就在于觉得自己这点不够好，那点没有别人优秀。可是，这世上哪有完美无缺的人呢？我们终其一生所做的，不过是追求更美好的自己，而不是最完美的自己。因此，亲爱的朋友，学会与自己平视，学会敬畏自己，尊重自己的内心，接纳不完美的自己，享受美好的余生。

管住浮躁，保持耐心才能获得成功

哲学家柏拉图曾经说过：耐心是一切聪明才智的基础。的确，很多时候，你会发现，不同的两个人，当他们竞争到了一定的层面上时，最后决胜的因素往往并非各自拥有的技能，而是个人的耐心。高手对决，胜负往往只在一瞬间，而耐心则是决定当这一关键瞬间到来时你能否把握住的绝对因素。保持耐心，保持淡定从容，才能把握决胜时刻。虚浮慌乱，心急如焚，只会让你与成功失之交臂。

幼时的我曾经非常羡慕一位获得全国钢琴比赛冠军的同学，当优美的钢琴曲从她手中流出的时候，舞台上的她明亮而又闪耀。于是，在她的吸引下，我也央求父母让我学习钢琴。父母禁不住我的软磨硬泡，帮我报了钢琴学习班。然而，等到我自己学习的时候，钢琴变得不再那么优美动人了。每每我忍耐不住，向她讨教经验的时候，她却总是轻描淡写地跟我说，只要拥有耐心不断练习就好。当时的我以为她只是随口敷衍我一下，直到我有机会和她一同练习钢琴曲，看到她坐在那里一坐就是好几个小时，却只是为了弹奏同一个音符的时候，我才知道她说的竟都是真的。

是啊，这世上哪有什么天赋异禀和天生幸运呢？所谓的幸运儿不过是自己踏实行动，不断努力向上的收获者。生活在现代这个信息资讯发达的社会，我们从不缺乏成功的经验、方法和秘诀，而是缺乏全身心投入、耐心去做某一件事情的精神和勇气。只有拥有了耐心，才能够形成坚持的力量。就像达摩修炼了10年，面壁了10年，最终才成为中国禅宗始祖；达·芬奇学美术，画鸡蛋画了6年，最终才成为举世闻名的画坛大师。只有管住我们浮躁的内心，坚持我们自己的人生目标，才有可能将不可能演绎为可能。

亲爱的朋友，管住内心的浮躁没有什么特别的方法，最能依靠的就是我们内心的信念和精神。它是我们个人价值观念形成的产物，是我们生命意志的表达。它的过程是精神的铸造过程，不但能够帮我们走向辉煌的人生，更能够帮助我们成就更好的自己。

很多人会问，究竟什么是浮躁？也许很多人都能举几个关于浮躁的例子，但是要给出一个准确定义着实很难。生活在这丰富多彩的世界中，我们有着不同的经历和价值观念，实难用统一的标准来作划分和界定。或许你认为的“低到尘埃里”有可能已经是我“花光力气的追求”，而我认为的“张狂不懂事”正是你物质需求得到极大满足之后精神追求过程中的浅显表象。但是，不管时代如何变化，时光如何更替，对于浮躁的相对词——坚持的定义是亘古不变的。坚持，就是从起点坚定不移地走到终点，就是无论我们的人生遇到多少的风雨和险阻，都依然能够坚定地走下去，就是明知前方的道路有可能很艰难，却依旧选择充满信心地不断前进。亲爱的朋友，我们的人生绝无理由是一帆风顺的，前进的道路上总会有几个小坑小洼。有的人面对眼前的困难和挫折就失去了耐心，转而投向其他方向。殊不知，其他方向也是一样需要磨炼和经历。于是，如果一件事做不了多久，就又因为一些其他的问题就此选择放弃，实际就是与内心的浮躁为伴。长此以往，这样的人生只能是心不沉、神不稳，做事蜻蜓点水、眼高手低、浅尝辄止，直到最后半途而废。

亲爱的朋友，凡事不能一蹴而就，管好内心的浮躁，保持耐心是我们获得成功的唯一秘诀。同济大学心理学院曾经就一项“获得职场成功的关键因素”研究得出这样的结论：凡是在某些专业领域内获得了某项专家级别技能的人，或是在企业内最终做到了高管以上级别的人，无一不是在同一个领域、同一项方向内容上深耕细作了10年以上的人。确实，亲爱的朋友，古有“滴水穿石”“铁杵磨成针”，今有“坚持就是胜利”“耐心获得一切”。我知道，生活在节奏如此之快的时代，我们总是很容易地就被所谓的功名利禄所迷惑、驱使，只顾快速获得眼前的既得利益，经不住心境摇动，最终做出令自己后悔一辈子的事情。亲爱的朋友，古人曾经说过：“心浮则气必躁，气躁则神难凝”，诚然，做人行事如果不踏实、不扎实，这样的人必定是耐不住性子、沉不住气的，最终的结果往往也只会是欲速则不达，事与愿违。因此，只有牢记：管住我们内心的浮躁，耐心做事，坚持不懈地脚踏实地，不断努力，最终才有可能在自己擅长的领域内崭露头角，真正获得成功。

不要说我不能，告诉自己「我可以」

没有梦想的生活，就好像是没有童话的童年，会让我们的人生失去斑斓的色彩。为了自己的梦想而努力并不会在一瞬间让我们变得伟大，但会让我们的每一天都充满希望。亲爱的朋友，梦想不一定能够成就我们的人生，但它一定能够丰富我们的人生。人生的精彩不在于一切都十分肯定，而在于未知的不可确定带来的戏剧感。亲爱的朋友，不到最后一刻，千万不要认定一件事情是不可能的，千万不要选择放弃、裹足不前。勇敢尝试，耐心经历，你就能够无所不能。

一往无前，不惧失败

我在上大学的时候，很喜欢与人辩论，也想刻意锻炼一下自己的逻辑思维能力和当众表达能力，就报名参选了我们学校的辩论队。当时选我进队的是一位外号叫“时分”的学姐，听人说，她之所以被称为“时分”，是因为她喜欢作计划，而每一个计划都要精准到每一小时，每一分钟。时分学姐一直作为队长带领着我们打辩论，她个子不高，身材瘦条，最令人惊讶的莫过于她整个人在辩论赛上的爆发力，连珠炮似的发问经常让对手哑口无言，而在生活中，时分学姐却是一个不怎么喜欢说话的人。

我人生中的第一场辩论比赛是和本校轻工学院之间的一次辩论比赛，这是正式新生赛的总决赛，全队所有人都提心吊胆地紧张备战着。每天下午没课的时候，我们就泡在图书馆里收集资料，晚上再一起在学校附近的咖啡馆里讨论立论直到深夜。尽管我们精心准备了好久，总决赛的结果却不尽如人意，我们队伍还是以微弱的劣势输了比赛。时分学姐曾经带领着我们学院的队伍拿过两次新生赛的冠军，所以，这次比赛失败让很多抱有冠军之心的人陷入沮丧。

时分学姐没多说什么，只是带领着我们作赛后的总结。总结会上，学姐问我们："你们觉得打辩论孤独吗？"老实说，我从来没有想过会被问这样一个问题，一时间竟不知道如何回答。其他队员似乎也差不多，有人若有所思地点点头，有人一边摇头，一边左顾右盼。思考中，我知道了学姐的深意，她是想让我们想明白各自的需求和付出。是啊，一开始，我们就是怀抱着对辩论的热情和喜爱在积极地做着这件事情，而不是想着一定要得到所有的冠军这件事情。在准备比赛的那段时间，每天晚上，当我讨论完回到寝室的时候，室友们都已经睡着了，只剩我一个人摸着黑将该做完的事情全部做完。而当别人看剧逛街的时候，我却将大把的空余时间花在了研究辩论资料上面。为了打好辩论、有更多的论点依据，注定我们需要看更多的书，了解更多的知识点，长此以往，竟在不知不觉间就与周围的同学失去了共同的聊天话题。在结束比赛，偶尔空闲的日子里，每当同学间聚会的时候，仿佛只有自己还如同局外人一般显得尴尬和疏远。这些时刻，的确会让我们感到无人理解的孤独。而这时，鱼和熊掌，不论怎么选择似乎总是很难。

大二下半年的时候，辩论队的活动日渐增多，日程排得越来越满，占用了我们越来越多的生活时间。很多队员纷纷选择了退出辩论队来求得学业的平衡，而我也是其中一员。当我向时分学姐提出退队要求的时候，看得出来，她有点生气。但她还是约我单独出去吃饭，试图再说服我一次。饭桌上，她问我为什么要退队，我说因为孤独，不想让自己再这么孤单疲倦下去。时分学姐点了点头，算是同意了。“你知道，当时那么多报名的大一新生，我为什么要选你进入辩论队吗？”时分学姐突然问我。老实说，我又被学姐问住了。论天资、论热情，我的确都不算是选手当中最出色的。

“因为当时我问你，你从来没打过辩论，不害怕吗？假如比赛因为你而失败了怎么办？你说，既然已经努力做了，即便失败了又有什么关系，没有谁规定不能输，输了只要再爬起来就好了啊，于是，我认定你身上有我想要的东西。”学姐笑着说道。对于学姐的话语，当时的我只听出了浅显的夸赞，却丝毫没有听出该有的遗憾。

学姐说，她是大二的时候才破格被同意加入辩论队的，因为她曾经有轻微的口吃。尽管学姐的逻辑思维能力和观点都十分出色，但是因为口吃，当初在大一刚刚竞选辩论队员的时候，她连参加复试的资格都是没有的。这让学姐很受挫，甚至一度感到很自卑。“那段时间，我不愿意跟别人一起出去，一同交流，总觉得别人都在嘲笑我的失败，每天就一个人上课、吃饭、看书，真正成了独行侠。”学姐说道。“后来呢？你为什么又进入辩论队了呢？”我紧接着追问道。“我连孤独都能忍受，还有什么是不能忍受的呢？想做什么就去试呗，反正最坏的结果已经这样了，再试就算失败了，不也就维持原样吗？假如不试，我这辈子可能都不能参加辩论队了。与其将来后悔，我不如现在争取。”学姐回答道，语气坚定，眼中闪烁着迷人的光芒。

亲爱的朋友，人生是一场只能前进不能后退的游戏，在游戏的过程中，不要去想着一定要成功，因为就连命运自己也不知道是否有一天会被翻盘。所以，只要脚踏实地努力去做就好。该养精蓄锐的时候，别太急着出人头地，该持续努力的时候，也别企图一鸣惊人。请你相信，亲爱的朋友，既然已经选择了梦想，那就一往无前，不惧失败，通往成功最快的路从来都不是寻找捷径，而是脚踏实地。

敢想，让你无所不能

人生在世，其实没有人不渴望成功，这是无可否认的事实，不管你如何清高地自以为是。这是我们所有人的共同愿望，却不是每个人都能真正做到的事情。也正因为如此，成功在我们的生活中才会被崇拜，才会被渴望。当你与别人的差距很大的时候，其实你并不会抱怨，因为你自知无论怎么努力，可能都追赶不上，不如摒弃奢望，努力做好现阶段的自己；当你与别人齐头并进的时候，你的内心可能会充满恐慌，也有可能会因为看得见的充实而更加充满斗志；而当你落后于人只有一点点，并且你内心清楚地知道这一切的时候，其实你是最恐慌的，恐慌的点就在于害怕落后的心态和耻于失败的不甘。而不甘的来源就在于根植我们内心的认知：人与人之间的差距其实很小。

确实，你我都不过是普通的平凡人，为何你却能够奔跑在我的前方，看到更多的风景与星光？曾经，你以为这样的差距来自我们的本来，来自我们的原生家庭，来自我们的一切无可奈何和无能为力。后来，你发现，这一切差异的来源点，不过是我们的内心，不过是我们的心态。所谓原生家庭，所谓本来，所谓一切的无可奈何和无能为力，的确会对我们前进的状态和进程有着或多或少的阻碍，但是最终，人生会告诉你，影响最大的因素，不过还是我们的不同心态。很多时候，你会发现，只要调整好我们的心态，就能促进其他因素的好转；只要调整好我们的心态，就能换个思维重新去想很多以前想不到的东西，想不到的方面。原先遇到的困境和问题，说不定就会在这一瞬间豁然开朗，柳暗花明。

不可否认，积极的心态能够唤醒我们更多的潜力和能量。访问很多生活中的成功人士，他们都会用自己的亲身经历告诉你：永远都不要消极地认定什么事情是自己这辈子绝对都不可能做到的。只要你敢想，你认为自己能够，并且不断地去尝试，再尝试，最终你会发现：你的确可以，并且远比你想象中的可以很多。

美国长篇动画《猫和老鼠》，至今都是大小朋友们爱看的动画经典，除了动画片里有趣的情节和引人的画面之外，我想，这其中传达出的敢于尝试的勇气和永不放弃的精神才是这么多年一直令它备受喜爱和瞩目的原因所在吧。动画的主人公小老鼠杰瑞和猫咪汤姆，一直都是彼此相爱相恨的存在。长达千集的动画片中，90%的情节讲述的都是它们在各种环境下的相杀，整个动画没有任何话语，却用简明的动作向我们展示了它们的所思所想。在我们平常的认知中，老鼠遇到自己的天敌猫咪，自然会避之不及，逃得越远越好。然而杰瑞不是这样一只普通思维的老鼠，仔细观察，你会发现十集里面有九集都是杰瑞一次次在挑战汤姆的尊严和底线。挑战的原因也很简单，为了生存，为了活命，为了永远消除汤姆这个天敌。因此，每当自己捣蛋成功，主人将汤姆赶出去的时候，都是杰瑞最为享受的成功时刻。杰瑞从不畏惧比自己身形大上数倍的汤姆，在汤姆忍受不了找来外援的时候，它还会伺机怂恿挑拨天敌之间的脆弱友情，通过让它们为争抢同一份食物迅速内讧，互相攻击，从而达到自己的目的。而动画外的我们每每在感叹汤姆的倒霉和蠢笨的同时，不得不为杰瑞的机智和勇敢竖起大拇指。最终，你会发现：杰瑞的成功从来都不是来自对外援的依赖，而是来自根植内心的不服输和勇敢尝试的心。

其实，亲爱的朋友，不同的人生，会遇到各自不同的风景和精彩，但都有一只“汤姆猫”永远存在于我们每个人的生活中。有人怕猫，就对生活作妥协，有人不怕，面对汤姆猫的挑衅，轻松化解。这样的人生不算完美，但也不算委屈，因为他们清楚地知道自己的所求和所想。而最为委屈的应该是那些不清楚自己是否能够与猫和谐相处，也从未了解过自己能力的人，他们羞于尝试，懒于了解，最终充满遗憾和抱怨。因此，亲爱的朋友，请你足够相信，正是有了垒土的坚持，经年累月才会有巍峨的高山；正是有了细流的坚持，长此以往才会有磅礴的大海；正是有了沙粒的坚持，旷日积晷才会有浩瀚的沙漠。这世上其实从来就没有一步登天的神话，所有的肉眼可见的成功不过是日积月累和滴水穿石。这世上最强大的从不是天生的强者，而是敢想敢拼、永不言弃的人。因此，亲爱的朋友，请你足够相信，只要你的方向足够明确，只要你的信念足够坚定，只要你的勇气足够强大，用一往无前代替踌躇不前，用敢想敢拼取代唯唯诺诺，最终，全世界都会为你着迷，为你让路，为你喝彩。

努力，让你一往无前

年幼的时候，我很喜欢写作，梦想成为一名作家。我知道，想要达到这个目的，我必须让自己经历丰富，拥有足够丰富的素材库。后来，我卡在了“如何让自己经历丰富”这件事情上。我的父母都是传统保守的农村人，每日辛苦的劳作都是为了让我们吃饱穿暖，过上更好的生活，只是无奈见识所限，能力有限，终其一生的辛劳也只能让我们姐妹维持温饱，顺利大学毕业。年幼的我虽不懂该如何改变，却很懂事和孝顺，自知父母的辛劳，最不想因为自己的额外需求给父母造成更多的负担。因此，尽管幼时的我很想出去旅游，很想跟其他小朋友一样每天零食不断，却很少在父母面前表露出来，更不会提出会花费很多的钱的请求。

而当我长大后，和朋友聊天的时候，把“想要成为一名作家”这个梦想跟他们交流的时候，我却受到了无情的嘲笑。几乎所有的朋友都跟我说：你父母的文化水平在这，你所处的环境就是这个样子，你能怎么办？他们说的的确都是事实，而我也知道，正因为我们关系足够好，他们才会在我面前直言不讳。但是，尽管有这些不可否认的事实，对于他们的结论，我却不敢苟同，也从心底里绝不认同。

于是，当时的我攒了很久的零花钱，终于在迈入高中生活之前，给自己买了一本心心念念的《新概念作文集》和其他的文学名著。很长的一段时间里，我都对这些书籍爱不释手。暑假的每一天，最喜欢做的事情就是在书海里面畅游。通过这些书籍，我知悉了很多认知范围以外的其他世界，更了解到了很多以前不曾知晓的美好世界，也令我对于自己梦想的追求更为坚定。

高中的时候，繁重的学业和被视为人生头等大事的高考令当时的我不得不将大部分的时间用于课业。当时的我虽未成年，却也深深知道：唯有读书才能改变我的命运。随后，顺利考进理想大学的我将大部分的空余时间奉献给了学校的图书馆。时至今日，现在的我仍然在这条梦想的道路上不断前进并乐此不疲。我不说自己已经小有所成还是一直失败，我只依据自己的内心，在不断地向前迈进。

梦想是什么？这个问题我想过很久。最终的回答是：我的梦想是一种生活状态，一种精神状态，一种能让自己获得内心安宁的正确行动。当我埋进书海的时候，我便能获得内心的宁静，便能不再焦虑于自己的一事无成，便能感受到自己在这茫茫世界中存有一席之地。

人生就是这样，不是第一，我们需要努力成为第一。不是因为第一的虚荣，而是因为第一代表着不同阶段的顶峰，我们需要鼓励自己勇攀巅峰。再者，即便已经取得某个第一，也永远可以做得更好。因为人外有人，山外有山，天外有天。不论在何时何地，努力总归是我们永远不会错误的人生态度，因为只有不断地努力，我们才有可能实现人生的跨越。

记得大一的时候，曾经有一位同学在我们的班级会议上立下“豪言壮语”：“最迟在35岁以前，如果我还不能使自己脱离平凡，我就自杀。”当时的我们有人为他的执着而感动不已，有人为他的执拗不置可否，也有人等着看他的笑话。私以为，我们的人生不甘于平凡是一件好事，它让我们保持向上的人生姿态，是我们生命不断发展的内在动力，更是我们社会不断进步的内在阶梯。然而，如果一味追求功利，我们只会被名声所累，最终只会陷入功利的泥潭之中，将平凡可贵的人生看得丑陋粗鄙。不可否认，我们身处的现代社会是一个看脸的时代，充满了成功的机遇却也面临更多的风险。既如此，平凡的我们，没有家境，没有背景，没有很牛的叔叔伯伯保驾护航，唯一能够依赖的便只有努力的自己，不断向上的自己，永远不甘于平庸的自己。

亲爱的朋友，请你相信我一直坚信的：只要坚持，梦想总是可以实现的。的确，这世界上总是有很多我们即便努力了也不一定能够达到的事情，生命中也总是会有很多令我们笑不出来的时刻，但是，只要坚持努力，最终你会发现，凡事只要咬紧牙关，挺一挺，忍耐一下，一切终归都会过去。亲爱的朋友，我们的人生就像是一张答卷，写在这答卷上的每一个字都没有橡皮擦可以更改。只有付出脚踏实地的真实努力，才能取得别人没有的成就，享受别人没有的欢乐与收获。尽管努力并不一定代表成功，但是只有放开手脚，努力去做，才能让我们人生的答卷少些遗憾，多些精彩，不是吗？

保持自信，成为更好的自己

有一件小事至今令我印象深刻：大一刚刚入学的时候，班里的同学都争先恐后地加入学校的各种社团。只有一位同学，什么社团都没有参加。当我们的辅导员王老师了解到相关情况以后，找她进行询问谈心。那位同学羞愧地说道："我觉得自己没有任何特长，报名参加那些社团肯定也不会被选上，所以我什么团都没有报。""怎么会呢？你能考上我们这所大学就说明你有一定的文化功底呀！"王老师安慰道，并准备通过询问她的兴趣爱好为她安排进一个社团。

"你精通数学吗？"王老师试探性地问道。

同学轻轻地摇了摇头。

"那你美术怎么样？"

同学还是不好意思地摇了摇头。

“那你唱歌跳舞怎么样？”王老师又问道。

同学窘迫地低下了头。

面对王老师的接连发问，同学都只能摇头以对，一时间气氛中弥漫着尴尬的味道。“那你先把名字学号留下来吧，我看着再帮你留意一下。”王老师笑着说道。同学羞愧地写下自己的名字和学号，急忙转身就要走，却被王老师一把拉住：“同学，你的字写得很漂亮啊，这就是你的优点啊，你擅长写字，可以到任何一个社团里面书写板报啊，这可是一个别人不可求的优点。你要好好挑选，不要只是随便糊弄一下哦，”“把名字写好，字写得好也算是一个优点吗？”同学欣喜地问道。“当然算啊，同学，你最大的问题其实不是没有优点，只要是人，就都会有自己的优点和缺点，你最大的问题是没有自信，没有一双发现自己优点的眼睛。”王老师笑着说道，“你好好想想，你能把字写好，就意味着你能写出漂亮的板报，就能锻炼自己参与设计，就能尝试写好文章……”听到王老师鼓励的话语，同学一下子打开了思绪，眼前的困境迎刃而解。

一个月以后，这位同学果然已经成了学校社团中的优秀分子。两年以后，她更是积极参与竞选，成为学院新一代的学生会主席。

其实这只是我们平时生活中每个人都有可能遇到的一件小事，但它告诉我们一个不容忽视的真理：很多时候，我们的成功都来自我们的自信，源自我们能够找出自身的优点，并努力地将其放大，放大到超越自己并优于他人。很多时候，我们总是会听到别人说起自己的缺点，并为这些缺点立下“宏伟”的改正计划。殊不知，只要转变思想，不要紧盯我们自身的缺点，而是放大我们的优点，或许，我们就会有不一样的收获。毕竟，我们的天性都是长年累月最贴合自身秉性而形成的个人特质，想要通过后期短时间的计划彻底改变自己的过往本就是一件很难的事情。因此，我们不如将大部分的时间与精力用于发现自己的优点，放大自己的优点，让自己感受到越来越多的正能量，最终必定会达到事半功倍的效果。

亲爱的朋友，人生路上，在实现目标之前，我们都要走一段蜿蜒漫长的路。而当走到半途的时候其实是最困难、最容易放弃、最需要继续加油的时候，因为这时的我们已经付出了很多，却还没看到尽头。此时，一旦放弃，便会将以往的努力付诸灰烬。只有用自信不断鼓励自我，放大自己的优点，忽略过程中的缺点，沉住气，踏踏实实地走好当下的每一步，才不会让自己迷失在这困顿之中。亲爱的朋友，请你相信：人生的掌声出于这样那样的原因，有可能会来得很晚，但只要我们充满自信地等待，永不放弃，终有一日，它会来到我们的身边。

国内外多个机构的各项研究表明：不自信通常才是造成我们失败人生的重要因素之一。很多时候，我们都会深受恐惧、不自信等消极心理的影响，造成失败的被动局面，掉入越做越错、越错越不自信的怪圈。这时，只要我们能够及时发现自己的失衡心理状态，努力调整自己，积极向上，鼓足勇气超越自己、克服内心的恐惧和害怕，最终就能够赢回自信，打一场漂亮的翻身仗。因此，亲爱的朋友，当你缺乏自信的时候，请告诉自己：这是一种来自内心的恐惧，而当你选择害怕的时候，其实已经输了你的人生，所以，鼓起勇气，与内心那个胆小的自己作斗争；放下面子，曾经的失败并没有你想象中的那么严重；保持笑容，微笑是你面对一切最强大的傍身武器。只要你勇敢尝试一次并取得成功以后，你就会发现：一切其实很简单。

克服内心的恐惧，做最强大的自己

人生路上，我们会经历很多次失败。通常，输给别人并不可惜，输给自己才最可惜。而偏偏，我们人生中的大多数失败，并非都是因为有强大的敌人，而是因为未能克服自我内心的恐惧，最终，输给了自己，输给了自己内心的恐惧。这恐惧吞噬掉了我们的自信，吞噬掉了我们的勇气，让我们无法承受曾经的失败，不再有勇气应对未知的风险而错失大好的时机，导致未来的失败。

加拿大心理学家汉斯·塞耶尔在他的著作《梦中的发现》一书中曾经指出：人的身体及大脑中所包含的能量，就犹如原子核的物理能量一样巨大。人类有90%~95%的潜能都未得到开发和利用，我们每个人身上都蕴藏着巨大的潜能，这种潜能可以让人无所不能。确实，当我们面临危险的时候，你会发现，越是镇定淡定的人越能尽快地脱离危险，相反，一味地胆怯、急躁只会让我们身处的环境更加糟糕，更加恶化。就像韩寒说的：听说过很多的道理，明白了很多的故事，却依旧过不好这一生。我们每个人都知道，面临困难应该要尽可能地冷静、淡定、从容，但事实总是不如我们想象中的那般顺利，很多时候的我们都是在为了生活中的一点小事，一点小的困难、挫折而理所当然地接纳失败，给我们的人生画上“休止符”。其实，这样的我们并不是败给了失败，而是败给了自己。

现实生活中的我们，很多时候都会抱怨自己为何已经这么努力却还是无法成功。其实，扪心自问，我们真的如自己所想象的那样拼尽全力吗？大多数的我们难道不都是一边抱怨一边假装很努力吗？所以，这样的我们又有什么资格去埋怨收获太少呢？当被问及及为何不奋力一搏的时候，又会有人说出这样那样的理所当然和顺理成章。实则，不过是自己内心的恐惧给我们的人生设限了而已。就像史玉柱曾经说过的：人生最大的敌人是自己，多数人的失败，都是输给了自己。正所谓失败的原因各式各样，成功的道理却只有相同的一个样：我们总是太害怕失败，所以才会真的失败。

9岁的小强是一个特别聪明的孩子，在班级里经常受到老师的夸奖。他的父母常年在外面打工，一年也就回来一两次。这一次的家长会，父母刚好在家里，可以参加。老师也说了会在这次的家长会上表扬考试前三的同学，以鼓励大家。于是，小强暗暗下定决心，这次一定要好好考试，让父母开心地参加自己的家长会，为自己感到荣耀与喜悦。父母也表示如果小强考试成绩能够全校第一的话，就考虑给他转学，让他去到他们工作的城市上学，一起生活，这一点对于小强的诱惑力实在是太大了。

考试的时候，小强一直想着：这次我一定要考好了，因为这回的考试不光关系到自己的名次，还关乎到自己未来上学的“命运”。于是，在考试过程中，一向镇定聪明的小强连呼吸都开始变得急促起来，握笔的手也一直都在颤抖。试卷中的题目却似乎故意加大了难度，接连好几道题目，小强的算法都不对。本就紧张的小强更加焦急，最终竟未能在规定时间内完成考卷。一门课程考试失败了，小强感觉到整个天似乎都塌了下来，再也没有信心好好准备接下来的几门考试。就这样，原先成绩优异的小强却因为自己的紧张和太过在乎结果，考试失利了。

与其说，小强败给了考题，倒不如说小强败给了自己，败给了他内心的恐惧。其实，很多时候，亲爱的朋友，我们的人生也是如此，当你在害怕的那一瞬间，其实就已经注定了你的失败。我们在害怕的一瞬间，心理其实已经处在弱势地位，这时，就算我们拥有再高的技艺，也注定了失败的结局。就像法拉第曾经说过的一句名言："拼命去换取成功，但不希望一定会成功，其结果往往会成功，而这通常也是成功的秘密。"我们在面对各方压力的时候，往往会被内心的恐惧所控制，接下来就会变得心神不宁，惶惶不安，继而导致我们临场发挥失误。

由此可见，当你畏惧失败的时候，反倒可能更快地遭受失败，这就是所谓的未战先败。我们只有首先在精神上战胜自己，才能够让自己克服对失败的恐惧，才能够让自己心态平和地走向卓越。就像李嘉诚曾经说过的："如果这世界上有任何的成功秘方，其中最关键的元素必定是你对成功的欲望远远大于对失败的恐惧。"所以，亲爱的朋友，平常心对待身边的一切挑战，轻松处理身边的一切困难，克服内心过多的欲望和恐惧，我们就能获得成功。

第5章

别害怕坏情绪，学会恰当发泄，心灵才不会被侵袭

对于情绪，圣严法师曾经说过：“有德即是福，无嗔即无祸，心宽寿自延，量大智自裕。”没错，我们的生活从不会是一帆风顺的。我们每个人都会有自己的情绪，这是一件很正常的事情。但是情绪就犹如水流，适宜疏通而不宜堵塞。因此，我们应当学会控制自己的情绪，既不将情绪看得过重，也不一味地遏制情绪的产生。只有如此，才能够真正成为情绪的主人，成为本真的自我。亲爱的朋友，请你记住：我们的人生啊，从不是用来发脾气的。

发泄情绪，是心理健康的保证

拿破仑曾经说过一句非常著名的话语：“能够控制好自己情绪的人，比能拿得下一座城池的将军更伟大。”年少的我并不懂得这句话的含义，等到成年工作，在职场里碰见各色人等，遇见各种事情，我才明白这句话说得是多么地有道理。张爱玲曾经评价胡适和他的妻子之间的感情：他们是旧式婚姻中罕见的幸福的例子。原来，胡适先生学识渊博、风流倜傥，并且儒雅温和，而他的妻子江东秀却相貌一般、识字有限、性格泼辣。当他们组合在一起成为夫妻的时候，许多外人是并不看好他们的。但是胡适非常善于控制自己的情绪，每每遇到妻子发飙的时候，就借口到厕所漱口，故意把牙刷搁进杯子里，发出很响的声音，将妻子发怒的声音掩盖过去，从而避免与妻子的正面冲突。就这样，凭借胡适先生良好的情绪掌控能力，他们最终携手一生、白首到老。

年少时，我的父亲曾经教导我：脾气人人都有，发脾气是每个人的本能，能够将脾气压下去才是你该学会的本事。那时的我并不理解这其中的区别，只当“生气”是发脾气的全部，简单地认为只要不让自己生气就算是完成了父亲的教导。渐渐地，我才明白，父亲想要表达的是保持自我情绪平和的重要性。确实，情绪平和其实是一种自行消化负面情绪的能力。保持情绪平和不仅能够让我们人生的小船避开各个暗礁，更有益于我们的身心健康。

生活中的我们难免会因为各种意外情况而有情绪爆发的时刻，而真正的高手一定是能够在最短的时间内控制好自己情绪的人。就像人们曾经说过的，管理情绪，实际是我们最好的惜命方式。任何时候我们都不应该做自己情绪的奴隶，不应该让自己的一切行动都受制于自己的情绪，而应该反过来控制我们的情绪。中医学名著中的基础理论是：过喜伤心，盛怒伤肝，悲痛伤肺，思虑伤脾，恐惧伤肾。这正说明了，我们的情绪和我们身体健康之间的密切关系。其实这也很好理解，在我们的生活中这样类似的经历并不少见：工作压力过大的人一般都会有肠胃疾病；好强而又不怎么如意的人一般都有头疼的毛病；过度焦虑的人容易脱发；经常生气的女性老得比同龄的人快，也更容易得乳腺增生……可以说，身体是革命的本钱，是我们一切的根本。脾气不好的人，一般身体也不会很好。因而，私以为，真正的养生，不应该是吃什么保健品，而应该是从学会管理自己的情绪做起。

美国著名的社会学心理学家费斯汀格曾经阐述过一个著名

的法则：我们生活中的10%是由发生在我们身上的事情组成，而另外的90%则是由你对所发生的事情如何反应所决定。因此，毫不夸张地说，能够真正控制自己情绪的人，才能真正控制自己的人生。控制自我情绪，并不只是简单地压制自己，而是寻找适合自己的方式排解自己，让自己的负面情绪能够以最快的速度得到抒发。就好比清代作家李渔，每当他感到生气或低落的时候，就选择去做最喜欢的事情：写字。通过写字让自己的心绪得到调整，获得平静。给自己足够多缓冲的时间，从而达到情绪管理的目的。类似的还有郑板桥，每当他在官场受到排挤，郁郁不得志的时候，就选择提笔画竹，通过画竹让自己获得内心的安宁。同理，当我们心绪有所波动，被负面情绪笼罩的时候，不防选择做点自己喜欢做的事情转移一下自己的注意力，通过听音乐、跑步等给自己缓冲的时间，发泄的机会，继而调控好自己的情绪，克服不良情绪对我们的侵扰。

亲爱的朋友，生活中的我们都会有这样的经历：很多时候，我们心情的不同，往往不是由事物本身的好坏引起，而是取决于我们看待事物的不同方式。当你消极悲观时，看待任何事情都是负面的；当你充满阳光，积极向上时，看待任何事情也都是美好而坚定的。因此，亲爱的朋友，管理自我的情绪离不开良好的心态。只有将自我的心态调整好了，才能够帮助我们更好地控制情绪。水流虽然柔和，却也能凭借坚强的毅力最终滴穿石头。人生如果情绪平和的话，也一定能够在春风化雨般的润物细无声中劈山凿河。因此，亲爱的朋友，让我们学会给自我的负面情绪加锁，让我们自己从情绪的奴隶升华为情绪的主人，从而拥有一个更加幸福快乐的人生。

及时的情绪发泄让你避免情绪失控

曾经听一个同事讲起她的父母，她的母亲对任何人都很和善，却唯独对自己的丈夫，也就是她的父亲“很凶”，主要表现就是上一秒在笑，下一秒可能只是因为生活中的一点小事就立刻冷脸，随即大声吼叫，严厉训斥。而父亲也会立刻不服输地回顶过去，家中立刻就充满了争吵的剑拔弩张，直到父亲最后摔门而去，家中就会变得死一般地沉寂。而她在这样的环境下长大，不知不觉间也受到母亲的影响，遇事容易提高嗓门大声吼叫，而自己却浑然不知此种变化。同事说起父母时候的矛盾感与无奈表情至今令我印象深刻，可见情绪掌控对一个人的影响以及周围人的影响十分巨大。

当说及情绪的时候，很多人会提及发生的事件所带来的情感。其实，私以为，我们的情绪与情感相关却不尽相同。如果将我们的情感比作大海，那么个人的情绪就是这海面的波浪，而我们的人生之舟注定要在这情绪的波浪中前进。情绪好的时候，就犹如顺水行舟，万事皆顺。情绪不好的时候，就好比逆水行舟并伴随着呼啸的海风，稍有不慎就会船翻人亡，只有坏处而没有半点好处。生活中的我们，经常都是“有什么样的心情，就会有什么样的情绪反应”。确实，就像我们常说的，人逢喜事精神爽，当我们感到愉悦的时候，我们的情绪是积极并向上的，因而看什么都好似明媚灿烂。但其实，亲爱的朋友，人生中不如意的事情常有发生，而这些事情必然会导致我们消极情绪的产生，诸如焦急、恐惧、愤怒、内疚等。而你遇上这些负面情绪不善于处理或化解的时候，就会被消极的情绪折磨而痛苦不堪。

亲爱的朋友，情绪从来都是一把双刃剑。如果处理得当，不但能够将生活中的阻力变成助力，帮助我们化解困境，更能够让我们的生活左右逢源。而一旦处理不好，失控的情绪只会让我们更加暴躁，从而在非理性的情绪下做出一些不合适的举动，最终害人害己。就像是《三国演义》中的周瑜，明明才华出众，却因为不会排解自己的嫉妒情绪而最终被诸葛亮巧设的计谋活活气死，让自己成为历史上的笑谈。又好比《儒林外史》中的范进，多年考不中举人，一直愤懑不得志，直到50多岁的时候终于金榜题名，原想必定是人生中欢欣鼓舞的高兴时刻，结果却因为他不会排解突来的狂喜之情而时疯癫了。

亲爱的朋友，永远不要设想完全消除我们生活中可能会遇到的负面情绪。因为负面情绪一定是无法完全消除的。在面临过多的负面情绪的时候，学会合理发泄，将遭遇的负面情绪控制在合理范围以内，就能够控制好这负面情绪对我们人生的消极影响。因此，亲爱的朋友，与其花费力气在尝试负面情绪完全消除这一不可能的任务上，不如将这精力放置在负面情绪的发泄与正面情绪的培养上。

就像是卡耐基曾经说过的："学会控制情绪是我们成功和掌握快乐的要诀。"同样地，黑泽明也曾经说过类似的话："情绪失控的人，不能对事物有更全面更准确的认识，也不能理智地面对生活中的种种考验，想要掌握自己的命运，赢得成功的人生，就一定要学会控制自己的情绪。"由此可见，亲爱的朋友，糟糕的事情本身就是我们生活的一部分，因而我们几乎每个人都在与坏情绪作抗争，当你越是回避它的时候，它反而会追你越紧。因此，只有学会正确地排解，掌握适合你自己的情绪发泄方式，才能够将它对我们工作、生活的消极影响降至最低。生活中的我们总是会有情绪好坏的时候，我们只有从中学会控制自己的情绪，做自己情绪的主人，才能够真正掌握属于自己的人生。

亲爱的朋友，你无法改变天气，却可以改变当下的心情；你无法控制别人，却可以掌握自己。生而为人，我们的确会遇到很多的无可奈何与无济于事，也会经历很多的无能为力与委屈异常。但是请你相信：乌云背后一定会是蔚蓝的天空，阴霾背后一定会是灿烂的阳光。光明一定能够战胜黑暗，温暖一定能够驱走寒冷。亲爱的朋友，在我们内心里留下一缕阳光，整个世界就会在我们眼前变得更加明亮。到那时，你会发现，其实，生活也是很美的。

勇于倾诉情绪上的烦恼

在热播的宫斗剧《延禧攻略》成功收官后，其微博热度却一直居高不下。归其原因，除了紧张的剧情结局以外，也离不开主演的精彩表现。饰演继后辉发那拉氏的佘诗曼的表演非常出彩，她在大结局的时候上演了历史人物本身的一个高潮点——断发。

皇后在断发之前有一系列的情感铺垫，说到底就是向乾隆皇帝彻底摊牌，什么都不顾了。于是，在那个当下，皇后说出了自己真正的内心所想，说出了多年以来所有埋藏在心中的愤懑与不满，继而将自己对皇上的恨和不甘心一并发泄，整个人气到完全没有理智，歇斯底里，最终心如死灰，选择了断发。当一切都结束以后，这位继后被侍卫拉走的时候，留在脸上的那一抹充满无可奈何的苦笑，足以让人忘了她在前几十集里做的坏事，让人觉得，她，堂堂大清正宫皇后，却是这紫禁城里最可怜的那一个。

在继后断发之前，这个角色其实一直都是不招人待见的。刚刚入宫的时候，她固执己见，坚守父亲教给她的“忠义正直”的处事原则，为了自己苦心经营的清高名誉，也为了自己在皇帝心中的懂事人设，严守规矩，绝不做出任何逾矩行为，最后落得个众叛亲离的下场，甚至目睹母亲撞死在自己的面前，而母亲临死前的遗言都是在嫌弃她的无能与不争。面对失去亲人的巨大悲伤，彼时的“娴妃”终于全面崩溃，笃信已久的价值观瞬间颠覆。而她本人也从良善走向了邪恶。可以说，由始至终，继后都是在从一个极端走向另一个极端。私以为，凡事走极端是她性格上最大的缺陷，最终导致了她悲剧的人生。在剧集的后半段，她因为精神上的巨大压力而过于在意自己的容貌，整个人看起来都是神神叨叨的。她仿佛魔怔了一般，为了保持容颜，不惜服用紫河车（人类的胎盘，让人觉得惊悚。而这也正是她性格极端的一个体现。

或许会有人说，发生这么多的事情，经历这么多的变故，一个人的性格肯定会有很大的改变。诚然，在编剧的笔下，继后的人生充满了倒霉与不公，似乎这一切的倒霉与不公都是理所当然并顺理成章的。但是，亲爱的朋友，谁的人生又不是如此呢？有谁的人生会是一帆风顺的呢？如果每个人遇到人生的起伏，想到和做到的都只是复仇和愤懑，这个世界最终又会变成什么样子？私以为，面对无法改变的客观世界，我们唯一能做的只有改变自己的心态，调整自己的步伐。你可以选择坚持你自己的原则，通过一定的手段实现自己的梦想和目标，但你没有必要将自己的愤怒迁怒于人，更没有必要由此“黑化”，走向人生的另一个极端。

纵观继后的一生，发生这样的改变，最直接的原因就在于她面对突然的变故时，选择将一切伤痛和悲伤都埋藏在自己的心中，而不是与身边的人主动沟通，寻求内心的安慰和调节。实则，亲爱的朋友，就算是自己的父母至亲，也未必会懂得你的真正所求，更何况是不太熟悉的别人呢？心有愤懑委屈的时候，选择第一时间倾诉，绝对是能够以最快的速度解决问题的第一法则，没有其他。面对悲伤和痛苦，选择避而不谈只是表面上的坚强，并没有从根本上解决掉问题的来源。相反，等到某日，再次遇到类似的事件，只会让你内心不甘与愤怒的小火苗越长越大，直至最后爆发。再者，亲爱的朋友，在你一次次的隐忍和退让中，除了真正能够懂得你的至亲至爱之人会懂得你的悲伤和无奈，其他人始终都是局外人。即便能够身临其境，也很难能够真正做到感同身受。而身临其境与而感同身受这两者之间，正缺少了你此刻恰恰需要的温暖和包容。因此，亲爱的朋友，请你记住：这世上从没有人有义务对你格外关照，也没有人拥有读心术，能够明白你内心的真正需求。面对悲痛与情绪上的波动，只有主动选择沟通与交谈，主动向身边的亲人朋友敞开心扉，才能够真正得到你的所求，你们之间的感情才会更加坚固。

亲爱的朋友，没有谁的人生是容易的。任何人的人生都是一场选择，如果你选择了安逸，就请不要嫌弃自己的平庸；如果你选择了隐忍不发，就不要嫌弃别人的不理解和不宽容；如果你选择了默默退让，就不要责怪别人的得寸进尺。或许，你眼中别人的得寸进尺也只是别人眼中的正常现象。因此，亲爱的朋友，受到委屈的时候学会自己排解。遇上无法解决的困难时不要默默承受，向身边的朋友吐露一二，学会主动发泄，主动排解。最终，你会发现，这世界远没有你想象中的那么冷漠与无奈。亲爱的朋友，请你相信，命运从不会亏欠努力的人，命运也从不会亏待懂得照顾自己的人，但命运不会主动为你遮风挡雨。所以，我们能够并且应该做的，就是学会合理的情绪发泄与吐露，用最少的悔恨回忆过去，用最少的浪费面对现在，用最多的梦想展望未来。

说出你的糟糕感受

重庆卫视曾经有档心理沟通情感对话节目《大声说出来》，它实际上就是传统意义上的情感类调解节目，节目最终的目的就是让不会表达或存在误会的双方当事人在专家的调解下达成一定程度的和解，或获取一定的结果。看节目的时候，我一直在想：为什么这些人会愿意将自己的家长里短曝光在大众的面前？为什么明明一些很简单的误会非要专家来支招才能够达成和解？为什么明明一些很简单的道理，他们却不懂得？看了很多期，这样的疑问丝毫没有得到解答，反而越来越疑惑。直到后来，自己做了母亲，有了家庭，才渐渐明白：有时候，生活中最为简单的事情就是自己做。但凡涉及两人以上的沟通需求，生活就会变成一道道复杂的选择题。

亲爱的朋友，生活是一个循环往复的过程。当你遇到不好事情的时候，其实美好的事物也就离你不远了。而当你学会承受生命中一切的不美好时，你会发现，挫折其实远没有想象中的那么令人难以接受。只要调整好心态，掌握好正确的应对方法，挫折其实也可以变成人生中的一份幸运，更能够成为你重新认知某件事的契机。因为正是有了它的出现，你才不得不去选择另一条能够接近成功的路，让你有了更多的收获。所以，当你烦闷的时候，如果你曾经习惯了独自承受，却让你备受折磨并收效甚微，那么，这一回，不如选择改变一下，选择大声喊出心中的怨恨与愤懑。或许，你会发现另一个更适合你的崭新世界。

生活中的我们通常会遇到很多种人，有两种人遇事看似会有一样的表象，却有截然相反的两种内心。第一种人遇到任何事情的时候，表面都云淡风轻，尽管内心早已经焦虑不堪，我们称其为“故作深沉派”。他们强装镇定是职位使然，更是一种人生经验。第二种人是真的能够云淡风轻地处理好生活中一切的琐碎与苦难，他们把荣辱得失看得很淡。生活中的我们如果能成为第二种人固然好，若达不到这种境界，也不必故作深沉，因为太害怕而故意选择充耳不闻，因为太胆怯而故意选择视而不见，更因为太懦弱而故意选择闭口不言，百依百顺，这样的人最容易做出极端的举动。这样的人实在太过黑暗，我们应该从本心开始改变，而改变的第一步，就是从张开嘴巴开始，从开口说出你的悲伤开始，从大声喊出你的郁闷开始。

年初的时候，小张重新换了一份工作。作为单位里的新人，初来乍到，小张很是谨慎，凡事尽可能地小心仔细，想要尽可能地规避风险。然而，重新进入一家与以往毫不相同的公司，小张以往的工作经验完全套用不上，其实际表现远远没有达到自己的预期。一个月的时间很快就过去了，当时招小张进来的领导找他谈话，对他提出更高的期望与鞭策。内心本就焦急的小张这下更加慌乱，甚至手足无措起来。为此，小张的情绪低落到了极点。下班在家的时间，小张也提不起任何精神，总是绷着一张脸，一点也开心不起来。父母忍不住询问起小张的心事，小张却秉着“报喜不报忧”的原则将父母敷衍了过去。

小张本想独自消化这些负面情绪，可是这些负面情绪一直挥之不去，严重影响到了自己正常的工作生活。眼见自己的情绪越来越不稳定，小张的内心感到憋屈得想要爆炸。终于，小张忍不住地在房间里朝着空气吼了一通，没想到自己却感受到了久违的畅快。于是，小张面向窗户，朝着室外的空气，看着远方的风景，将自己这些日子以来内心的郁闷和烦躁一并吼了出来。结束之后，小张发现，积压在自己内心中的巨石似乎被挪开，自己顿觉轻松了许多，情绪也不再低落。于是他仔细整理了最近工作中的得失，并制订了详细的工作计划。一段时间后，小张的工作走上了正轨，得到领导和同事的认可。原来，当你沉浸在负面情绪中无法自拔的时候，自己会将人生中的很多小事想象成灾难性质的大事，因而越想越悲伤，但其实，跳脱出来以后，你就会发现，这些不过只是沧海一粟，实在不足挂齿，更不应该浪费自己这么长的时间。

亲爱的朋友，这世上从没有白费的努力，也没有碰巧的成功。看似是无心插柳，其实都是别人经年累月努力之后的水到渠成。学会控制自我的负面情绪，学会发泄自我的负面情绪也是我们人生路上应当具备的一个重要能力。遇到悲伤苦痛的时候，不要逞能地选择自己默默承受，学会倾诉，学会发泄，学会正视，大声喊出自己的郁闷与烦躁，然后你会发现：生活其实很美好，只是身在其中的我们经常会迷失。

找出最适合你的情绪发泄口

心理学界曾经有过一个著名的踢猫效应，翻译到我们的日常生活中就是负面情绪会给我们带来的一系列连锁的糟糕反应。踢猫效应源于这样一个案例：

有一家企业的老总准备重新整理一下公司的系列事务，于是作好了自己未来一个星期的时间计划，精确到了早晚上下班的具体时间。谁知仅仅就在第二天，早上起来后，他边吃早饭边看报纸，由于看报看得太入迷以至于忘了时间。于是，为了不迟到，他只好加快出行的速度，在高速公路上超速行驶，结果被执勤的警察撞个正着，受到了处罚，最后还是耽误了时间。

愤怒的老总终于到了公司，心里十分窝火，为了转移别人对于他迟到一事的注意力，他将销售总监叫到办公室训斥了一顿。销售总监无缘无故被斥责了一顿，心里更是窝火，于是将他的秘书叫到办公室里面平白无故地挑剔了一番。受到挑剔的秘书也很郁闷，就故意找了接线员的碴儿，接线员没有能欺负的下级，只好垂头丧气地回到了家里。他刚到家，正巧碰上他儿子问他某件事情，说了一句无关痛痒的话，接线员顿时勃然大怒，冲着儿子大发雷霆。他儿子被爸爸莫名其妙地斥责了一顿，也很生气，就冲着自己家的猫狠狠踢了一脚。

这个经典案例讲的就是情绪冲动之下的负面情绪给人带来的一系列反应，如果控制不好，最终的结果只能是无尽的恶性循环。生活中的我们也会有一样的经验：通常来说，不会控制自己情绪的人，不懂得及时排解自己负面情绪的人，最终的结果往往都是因小失大，由情绪的一个糟糕点扩大到生活工作的方方面面。

另外，从上述的案例中，我们也可以看出“找到正确的情绪发泄对象”的重要性。踢猫效应之所以能够形成，主要的原因就在于环节中的每个人都将“人”作为自己的情绪发泄对象。老总对销售总监，销售总监对自己的秘书，直到接线员的儿子对自己家的猫咪，每个人都在寻找比自己弱一等级的人，将他们作为自己情绪的发泄口，也就是我们常说的“出气筒”。人们只会欺负比自己弱势的人，而不敢也没有能力欺负强于自己的人，这是常识，也是人的本性使然。因此，你会发现，如果每个人都将自己的情绪发泄对象定义为人，那么，循环下去，最终遭到最严重损失的只会是生物链最底层的人员。而这，只会给原本悲惨的人们雪上加霜，这一点对于整个社会或者人类世界来说都是百害而无一利的事情。因此，亲爱的朋友，找到利人利己的情绪发泄口，找到合适自己的“出气筒”，是我们每个人都应该拥有并掌握的能力。

大学毕业以后，王彤选择回到老家工作，和自己的父母住在一起。虽然是自己的爸妈，却仍旧有吵嘴的时候。父母总是喜欢在自己的面前提及别人家的谁谁多么优秀，年纪轻轻已经拿了多高的工资，或者谁谁已经谈了多么好的对象，再或者谁谁已经结婚生子。仿佛全世界就只有她还依旧单身、依旧贫困、依旧没有事业。对于父母的唠叨以及恨铁不成钢，王彤很不满。有关和父母一起居住的情绪也由一开始的满足变成了凑合直至厌烦。终于有一日，王彤起床稍微晚了一点，母亲又在唠叨责备的时候，王彤彻底爆发了。她将这些日子以来的所有委屈和不满全部都倾吐了出来，不管父亲如何地劝阻，王彤依旧刹不住车，不依不饶地与母亲争吵，将心中所有的不满全部都发泄了出来。母亲头一次见到如此歇斯底里的女儿，一时竟愣住了，过了好久，母亲对着撒泼的王彤说道：“你是一个成年人了，应该明白妈妈跟你说的究竟是什么道理，也能明白很多埋怨并非出自爸妈的本心。但是你今天选择撒泼这样的发泄方式，你仔细想一想应该吗？”那时的王彤哪里听得进父母的任何话语，一个劲儿地纵容着自己的任性，放大着自己的情绪。就这样，整个家到处笼罩着吵架过后死一般的沉寂，谁也不愿意先开口求和。

王彤依仗着父母对自己的宠爱，下定决心不向父母承认错误。母亲一气之下胃病复发竟什么东西也吃不进去，第二天更是胃疼得下不了床。这下可急坏了王彤，她和父亲连夜将母亲送到医院诊断。经过医生的诊断，母亲竟是由于太生气导致了胃溃疡，需要立刻做手术。这下王彤傻眼了，原本只是想着任性一下，却不承想会让母亲生气至此。如果当初自己能主动调节，帮母亲找到其他的情绪发泄口，父母也不会一直唠叨自己，如果自己能够在与母亲吵架的时候找到其他的调节方法，母亲也不会生气到需要做手术。但是，时光不会倒流，这一切的如果都不存在，即便再悔恨，王彤也只能接受目前的现实了。

确实，故事中的王彤如果能够早点懂得转移父母的注意力，早点懂得表达情绪要适可而止，找到与家人相处的正确模式。或许，又会是另外一个不一样的结果。

第6章

别害怕阻挡你的人，是他们让你变得强大

我们都渴望完美无缺的社会，似乎每个伟人的奋斗目标都是让世界更美好。但其实，正是因为有了不完美，有了艰难险阻的存在，这个世界才是真实的存在，才会更加和谐。我们总是在受尽委屈的时候抱怨上天的不公，却不承想，其实正是有了这些不公的存在，才让我们有了不断前进的动力和目标。一味的抱怨和不费力气的祈祷从不会改变我们的现实，只会增添更多的烦恼。改变心态，改变看待问题的角度，将害怕变为感谢，将被动的抱怨变为主动的努力，你会发现另一个完美人生。

梦想的实现是与另一个自己为敌的过程

梦想是什么？或许很多人在听到这个问题的当下会迟疑一下，但是很快会给出一些类似的标准答案，就像百度百科里面说的：梦想是对未来的一种期望，是指现在想未来的事或者可以达到但必须努力才可以达到的情况，梦想就是一种让你感到“坚持就是幸福”的东西，甚至可以说是一种信仰。现实来说，我们的梦想可大可小，可有可无，因为梦想就是你内心的信仰，因你而定，随你而变。美国前总统威尔逊也曾说过这么一段关于梦想的描述：我们因梦想而伟大，所有的成功者都是大梦想家：在冬夜的火堆旁，在阴天的雨雾中，梦想着未来。有些人让梦想悄然绝灭，有些人则细心培育、维护，直到它安然渡过困境，迎来光明和希望，而光明和希望总是降临在那些真心相信梦想一定会成真的人身上。

确实，走在马路上，你总是能够一眼就看出哪些是心怀梦想的人，哪些是目标涣散的人，因为真正的梦想者总是自带气场，远在百米之外你就能感受到他们火热的内心。而这一切也正是因为，梦想实现的过程从没有想象中的那么简单，总是需要我们坚定意志，不断努力，奋勇向前。对此，心理学界有过一个著名的猴子理论：我们每个人的大脑内都会存在一个小猴子，这个小猴子就是我们内心中各种惰因的集合体。它爱好玩乐，向往轻松，贪图享受，最喜欢做的事情就是从我们本心的手中抢走控制前进方向的转盘，笑看着我们停下前进的脚步，每天嘻嘻哈哈，浑噩度日。这个小猴子一直存在于我们每个人的脑海中，挥之不去，消灭不尽，因为它依附于我们的生命主宰，绑架着另一个我们。每当我们想要放下手中的游戏，拿起书本时，小猴子总是会用尖锐的声音引诱着我们向它靠拢，与它玩耍，直到夺走我们手中的书本，令我们彻底沉沦在它的游戏圈中，成为它的奴隶，无法自拔，逃脱不开。而想要彻底击败这只小猴子，只有从另一个自己入手，用自己的坚毅和果敢断了小猴子的能量来源，彻底消灭或者将它控制在一定的范围以内，让它成为你的宠物而不会喧宾夺主。

亲爱的朋友，走在梦想这条路上，最怕的就是你有走不下去的预见和随时准备回头的决定。所以，必须让你的努力超过你的才华，即便遇到任何的困难也请勇敢坚定地走下去，无畏未来。作家格拉德威尔曾经在《异数》中提出著名的“一万小时定律”：想要成为某个领域的专家，想要在某一方面有所建树，通常需要10000个小时的积累。而按比例计算就是：假如我们每天工作8个小时，一周工作5天，那么10000个小时就是5年的时间。这也就意味着，想要有所收获，我们必须在认定的那个行业内至少有着5年以上的经验积累。而这些行业、这些工作中的普通方面，通常就是我们大多数人的梦想来源。就像徐小平曾经说过的：事实上是，哪个男孩女孩没有做过上天入地、移山倒海的梦啊，只不过在生活面前，很多人慢慢放弃了自己童年的梦想，所以他们沦落为失去梦想的人；而有些人，无论生活多么艰难，从来没有放弃梦想，于是，他们成为永葆青春梦想、永葆奋斗激情的人，成为能够改变世界、创造未来的人。确实，我们都曾有过梦想，也都曾有过热血澎湃的时刻，然而大多数的我们终归会为自己的生活所累，不得不为了家人、为了现实放弃。但是，亲爱的朋友，真正拥有梦想的人从不会因为任何的现实原因就选择彻底放弃。也许，在某个时刻，我们的梦想会有模糊的时候，但它并没有就此消失，而是深藏在我们的内心，潜伏在我们的心底；只待一点阳光的出现和雨水的滋润，便迫不及待地萌芽滋长，伸出地面，占领我们的人生。直到梦想成为事实，我们的心境才会得到持久的宁静，不再躁动不安。

因此，亲爱的朋友，请你记住：一个真正富有的人并不是拥有无限的物质财富，而是拥有广袤的精神世界。而梦想就是这精神世界里面最为中流砥柱般的存在，只要坚持自我的梦想，在人生的道路上坚持己见，用勇气和行动去捍卫内心的追求，梦想于我们个人而言就不会是虚无缥缈般的存在，就不会是白日梦般的不可实现。当我们在忙碌的世界中疲于奔波的时候，当我们在苦难面前充满怨愤的时候，请不要忘记梦想的存在，也请不要放弃对梦想的追逐。追逐梦想的过程或许很艰辛，但是只有选择坚定不移地相守，才有可能换来明媚的明天和生命期待已久的发光时刻，不是吗？

改写自己的命运，从来无关他人

每每说起“命运论”的时候，有人质疑，有人认可，也有人保持中立。其实，重要的不是真相究竟是什么，而是你相信什么。人生中的很多事情都是这样：信则有，不信则无。显然，命运也是其中一种。面对失意，面对失败，有人推诿于命运，有人归咎于他因，寻找原因总是很容易的，因为谁也不用负责任，说说就好。真正伟大的人却是明明知道“命运”的存在，但依然不信命，依旧热爱并不完美的命运。这样的人物，历史上比比皆是，生活中也是信手拈来，说来似乎很常见，但真正出现在你身边时，你还是会为他动容，为他着迷，想要为他喝彩。在这许多人中，张幼仪便是其中一个。

张幼仪，女，1900年生人，每每被提起时，身上最大的标签就是“徐志摩前妻”“徐志摩原配”。正是因为徐志摩和林徽因的风流往事，更多的人认识到了她，将她与徐志摩生命中的几个女人作比较，评价她既没有林徽因的才情，也没有陆小曼的风情，只是徐志摩的“弃妇”，一个被徐志摩嫌弃为“土包子”的封建家庭大家闺秀。显然，这一切评价对她而言都极其地不公平、极其地片面。你相信一个说出“人生从来都是靠自己成全”的女子会是一个逆来顺受、什么都不懂的无知妇女吗？事实上，就在坊间忙着议论她的前夫与其他女人的风流韵事的时候，她正在奋力改写自己的命运。于是，有谁能想到，出生于重男轻女的家庭，经历过不幸婚姻的张幼仪，后半生却摇身一变，成了上海首屈一指的女士服装公司总经理和女子商业银行的女总裁。

然而，天上从不会平白掉下幸福和机遇。正如她所说的：“人生从来都是靠自己成全。”年幼的张幼仪出生在宝山县的一个富裕家庭，看似什么都不缺，令人羡慕，但生在其中的辛酸与无奈也只有她自己知道。就像多年以后，她在自传里写的：“在中国，女人家是一文不值的。她出生以后，得听父亲的话；结婚以后，得服从丈夫；守寡以后，又得顺着儿子。你瞧，女人就是不值钱。”对此，张幼仪并不是说说而已，因为她的前半生，就可以这样被总结。但是好在，她从没有选择认命，从没有就此放弃改写自己的人生。

12岁的她在报纸上看到一所学校的招生启事，收费低廉到让她父亲不好意思拒绝。年幼的她便懂得主动努力，准备考试，最终顺利被录取，就这样，她千方百计为自己争取到了受教育的机会。原以为就此挣脱了封建家庭的束缚，不承想却还是被一纸婚约送进了包办婚姻的围城，无可奈何又避无可避。而这段婚姻的结果众所周知，张幼仪不仅因此被迫中断了自己的学业，浪费了大好前程，更是在生完两个儿子以后，惨遭徐志摩的抛弃，成为别人口中的“可怜人”。

殊不知，张幼仪坚信：命运兴衰，人生苦乐，全都取决于自己。对婚姻生活彻底死心后的张幼仪很快调整好自己的生活重心，一边照顾孩子，一边学习德文，甚至考上了裴斯塔洛齐学院。学习期间，她学着去听歌剧，去看艺术展。最终，在陌生的异国他乡，她的魅力不仅征服了周围的朋友，甚至让当初讽刺她的前夫徐志摩对友人说：“C（张幼仪）可是一个有志气有胆量的女子。”然而，命运并没有就此格外关照起张幼仪。在国外生活期间，她的幼子不幸夭亡。自此，了无牵挂的张幼仪选择了回国发展。她回国与自己的八弟还有朋友一起合开了一间服装厂。她原本只是想挂名占个股份，为自己留一份保障，却在服装厂的经营期间意外发现了自己具有经商头脑。她开启私人订制的创新服务，革新了原有的服装面料，款式上倡导中西结合。由此，“云裳”很快就成了上海首屈一指的女士服装公司。曾经被嘲讽为“土包子”的张幼仪，却引领着上海滩的时尚潮流。如此讽刺却又如此励志。

在商界获得初步成功的张幼仪很快又遇到另一个发展机遇，濒临倒闭的上海女子商业银行找到张幼仪，希望她能够担任银行总裁一职，拯救他们于水火之中。自此，张幼仪再度走入大众视野。人们这才惊讶地发现，她早已不是当初那个唯唯诺诺又自卑的“土包子”，而是一个自信满满又能言善辩的女总裁。在张幼仪的努力经营之下，女子银行很快就扭亏为盈，并且创造了当时金融界的奇迹——储蓄资本超过两千万元。由此，张幼仪成为受人瞩目的新时代女性，成功改写了自己原本悲惨的命运。

亲爱的朋友，鲁迅先生曾经说过：真的勇士，敢于直面惨淡的人生，敢于正视淋漓的鲜血。无独有偶，罗曼·罗兰也说过：真正热爱生命的人，是认清了生命的真相之后，却依旧选择热爱生活的人。这两段文字，阐述不同，表达的本质却是一致的：勇气，是我们敢于和命运抗争的第一人为因素。都说，命由天定，我们却依旧有能力、有机会去选择不相信。因为只有敢于提出质疑，才有改变命运的可能。而只要勇敢改变，你才会发现，命运最终还是掌握在我们自己的手中，从来无关他人。

学会感谢对手

人生的漫漫路上，我们会遇到很多人。有关系交好的朋友，就有关系一般的对手。有人说，有对手真是一件麻烦的事情，正是有了他的存在，我们才会如坐针毡、如履薄冰，做什么都小心谨慎，原本需要花费半分力气去做的事现在要拼尽全力去做。好似人生路上只要没有对手的存在，我们就能逍遥成神仙。然而，无数事实经历告诉你：我们需要对手，更应该感谢对手。对手是我们成功的标尺，正因为有了对手的存在，才给了我们前进的动力。也正是他们自身的努力，带给我们的危机感迫使我们更快地成长。

生活中的我们总是会有这样的经历：一个商家独大，市场往往做不起来。两个商家或者多个商家的存在，才会让市场更加繁荣并趋于健康发展。亲爱的朋友，我们的人生也是这样，正是有了对手的存在，原本安逸懒散的生活才会变得充满激情。互为对手，定是旗鼓相当。我们有着相似的能力，却因为各自的梦想和憧憬而彼此竞争，让我们原本平淡无奇的人生价值得到极大的提升和飞跃，迫使我们走过更多的路，观看更多的风景，品尝不同滋味的人生。就好像是磁场的两极，天平的两边，少了任何一边的存在，另一边就会失去生命的光泽，变得平淡无奇。只有保持良性竞争，互为对立又相互督促，不断进步，才能达到双赢。

亲爱的朋友，没有人天生喜欢处处与人竞争，没有人天生爱好费尽力气往前奔跑，只是，当生命无可奈何的时候，当生活需要有所比较的时候，我们至少能够选择坦然接受，能够正确应对，能够积极争取。既然逃不开，避不了，那就不如倾尽全力，奋力一搏，不是吗？一个人如果始终处于一个和平、稳定、缺乏竞争和压力的环境中，纵然很舒适，却也会因为没有了天敌的存在而变得懒散、平庸，甚至无能。长期在这样的环境中，即便是很小的挫折可能都会让他感觉到手足无措，失去前进的信心和勇气。因而，可以负责任地说，没有对手的人生绝对是无聊、无趣甚至失败的人生。

或许有人说，只有绝对的胜利者才会没有对手的存在啊！但事实上，正是有了对手的存在，你才有可能变得越来越强。因为你在不断超越的过程中付出了更多的努力和汗水，或许对于这一切你还未曾察觉，或许你还不算是非常成功，但是，在和对手竞争的过程中，为了不落后，为了同等地进步，你已经获得了成功所必不可少的因素，如在竞争环境中不断磨砺出的坚强意志，又如在对手的鞭策中不断实现的自我提升和超越。因此，可以说，没有对手的人生绝对是苍白且无力的。生活中正是因为有了别人的鞭策，有了对手的竞争，才有了自强不息的我们。而当你失去对手的时候，就如同走在黑夜中失去了一盏指路明灯，不但有可能失去前进的方向，更有可能失去前进的动力。因此，亲爱的朋友，请你学会感谢，学会庆幸。感谢对手的存在，庆幸对手的存在，正是因为有了他们的存在，才让我们明白自己的无限潜能，才迫使我们努力向前，不断前进。

亲爱的朋友，对手的存在就犹如一剂强心针，一架项目推进器，不断地给我们警示，激励着我们不断地前进。正是因为他们的存在让我们明白了自身的不足，让我们认识到完善自我的迫切性以及重要性，让我们明白了这世界上永远都是天外有天，人外有人，无一例外。当你想要停下脚步休息片刻的时候，他会立刻让你看到整个社会乃至世界的进步与前行，让你鼓起勇气，奋勇向前。有时，对手是我们的肉中刺、眼中钉。但是，转换心态，处理得当，对手也可以成为我们的朋友和老师，是他们让我们明白自己的弱小和可笑之处，也是他们让我们充满危机感，不敢停下前进的脚步。

亲爱的朋友，没有对手的人生是悲哀的，没有对手的人生也是荒芜的。是他们的成功让我们可以有机会做得更好，也是他们的失败让我们可以吸收到更多的经验和教训。所以，当我们学会用感恩的心态面对生活中一切的不如意时，当我们学会用感谢的心情面对生活中的这些对手时，当我们学会用包容的心态处理人生中的一切不顺遂时，是对手教会了我们如何去面对生活，如何去面对人生。因此，亲爱的朋友，学会善待我们身边的对手，因为正是他们的存在才使我们能够尽情地展现自我的价值和无限的创造力；也正是他们镜子一般的存在才让我们看清了自己所处的位置，让我们时刻看清楚自己人生的方向，不会迷失。所以，亲爱的朋友，学会感谢对手，学会善待对手，因为善待对手其实就是善待我们自己。

学会无畏面对失去

生活的智者说：人生总是有舍才有得。确实，无数次的经历告诉我们，人生路上，追求梦想的过程中，我们总是会或多或少地有所失去。但也往往正是这些失去，才让我们变得无所畏惧。

不知道在什么时候，我跟小雅就断了联系。偶然间在网络上遇到了，也不似从前般无话不谈。小雅是我的叔伯堂姐，说是堂姐，但其实只是比我大不到一个月。小时候，我们两家住得很近，我母亲与她母亲也很交好，我们便经常一起见面玩耍。后来更是在同一所小学上学，我们的关系更是亲密无间。直到上了中学，因为父母工作的原因，小雅跟着她的爸妈离开了我们一起生活的镇子，去到了另外一座城市，上了另外一所中学。那是我第一次体会到离别和失去的滋味。原来，失去竟是这么平常又毫无仪式感的一件事情。

那时的我们尽管很伤心，却还是无可奈何地跟对方告别，并约定好一个月见一次面。而后的生活里，随着我们各自生活轨迹的不同和学业的繁重，我们便渐渐失去了联系。直到我们各自上了大学，离开了父母的怀抱，再次阴差阳错地去到了同一所城市。我们再次恢复了联系，也恢复了我们之间的友谊和亲情。于是，可以说，整个大学期间，我们都是相互扶持着支撑过来的。我们一起逃课出去相约，一起讨论八卦，一起互相介绍男友。那些一去不复返的青春是那么亮眼，也是我们之间最为美好的回忆。

记忆中，我们之间的第一次争吵是因为小雅的一任男朋友，对方叫什么我已经记不清楚了。起因是对方开了一个非常轻佻的玩笑引起了我的反感，并在我提出反对之后仍然不知悔改地挑衅我的耐心，只是为了以此试探我在小雅口中的好脾气。结果当然是出乎他的意料，我对他的玩笑不恭很是反感甚至到了厌恶的程度，坚决要求小雅同他分手。沉迷其中的小雅却认为我太过敏感，草草安抚了我的情绪以后便追随男友而去了。或许她认定我们之间的友谊足够坚固，又或许她更看重自己的爱情，总之就在这争吵过后我们冷战了很长一段时间。直到她被分手以后哭着回来找我，我们一起痛骂这个渣男。诸如此类的事件在我们之间反复地上演，令人不解。最终，或许是老天也看不下去了。毕业后的某一天，小雅愤怒地对我说再也不会理我，再也不会给我打电话了。我想，如果是前几年，我会等她平静下来以后向她解释，我们又重归于好。然而那次，我无所谓地说道“随便你”，便转身离去，再也没有回头。而更恐怖的是，我竟并未感到有任何的难受或者不舍。那一刻，我想，我们的友谊真的完蛋了。

我不再主动解释与挽留，是因为我认定她是我相交了这么久的朋友兼亲人，然而正是这样一个本该亲密的存在，竟能够一次次因为同一个问题彼此争吵不休。你所认为的理所当然，义无反顾，在她看来也不过是你个性的执拗与缺失。我们互相认定的道理其实从未改变，只是随着时间的推移、心境的改变，曾经坚信一定要守护的某些东西早已悄然改变，而我们直到失去的那一刻，直到即便失去也不再难过只是遗憾的那一刻，我们才懂得：所谓长大，所谓成熟，便是开始接受失去越多，经历越多，对于未来便越无畏吧。

我想，生活之所以残酷也正是因为这样吧，无论你的人生发生什么事情，它还是一如既往并坚定不移地继续前进，并不会给你丝毫的喘息机会。并且，次数多了，时间久了，我们更是对此习惯到自然。直到某一天，你就会发现：离别，失去与再获得新的，早已变成了我们生活的一部分，无法分割。总是在不知不觉间，我们就已经在和过去说拜拜，我们就已经在和未来打招呼。没有人知道未来究竟会怎样，但我们总能够安全到达并安然度过。所以，亲爱的朋友，不用害怕改变，更不用害怕失去，人生路上，失去的只是不再与你合谋的人与物，是与非。即便强求，刻意挽留，过分执着，最终的结果也只会是与自己过意不去。

时光和经历总是会无情地改变我们的模样，让我们最终形同陌路。而最为残忍的是，我们渐渐地不会为此有任何的惋惜。因为我们都知道，不能因为害怕这些失去就停下前进的脚步，因为失去的已经失去，不能再回头，而想要得到的还没有得到，所以我们只能奋勇向前。既如此，亲爱的朋友，便请学会无畏，学会坚强。

内心强大才能改变自己的命运

从记事起，我父亲就总是向我传达这样一个价值观念：靠天、靠地，不如靠自己。父亲没有多厚重的文化底蕴，也不懂得多深奥的人生哲理，却一直恪守“靠自己”这一为人处世的原则。于是，尽管与母亲发生争执，尽管被母亲痛骂“死要面子活受罪”，父亲却依旧不肯妥协，不肯麻烦别人、轻松自己。那时的我并不懂得父亲的坚持，长大后却明白了父亲的良苦用心。

确实，人生在世，在通往成功的道路上，我们都是彼此独一无二的存在。没有任何人能够代替我们的思想和行为，也没有任何人能够为我们的一言一行付出实际的代价。为此，我们在感到巨大压力的同时，更应该感到自豪。自豪我们自己从来都是自我命运的主宰，更应该将压力付诸自己，拥有坚持自立的勇气，拥有独自前进的勇气。

幼年的时候曾经看过这样一则新闻报道，至今印象深刻：美国远程通电视公司董事长约翰·马隆准备将他自己15亿美元遗产的一半捐给慈善事业。因为他认为：太多的财产只会毁了孩子们，而不利于他们的成长。幼时的我生活在清贫的小村庄，实在难以理解这些有钱人内心的想法，只是天真地替这些子女觉得可惜。可惜他们的父母居然会白白地将财产给别人而不尽数留给他们，就算钱再多，还会有人嫌自己太过富有吗？直到长大以后，才明白他们的智慧所在：授人以鱼不如授人以渔。遗产再多都有用完的那一天，只有充分依靠自己，才能实现固有财产的无限增值。就像美国的艾略特曾经说过的："天上永远不会掉下玫瑰来，如果想要有更多的玫瑰，只有自己种植。"确实，大到人类的发展，历史的进步，小到蝼蚁搬家，都在向我们说明自立自强的重要性。只有个人自立，民族自立，人类才能真的自立。而当你足够自立的时候，你就会真的相信：的确，命运总是掌握在我们自己手中。

生活中能够让我们心生抱怨的事情有很多，因为我们的人生从来都不会是一帆风顺的。很多时候，拥有什么样的人生，过上什么样的生活，取决于你怎么样去面对生活中的一地鸡毛。你选择了勇气与决心，就等于选择了主动与积极；选择了逃避与妥协，就等于选择了悲观与消极；选择了微笑与淡然，就等于选择了坚强与勇敢。不同的选择有不同的结果，形成不同的导向，一切都是命运使然却也充满了人的契机。

从前有一头驴，一不小心掉进了一个大坑里。坑很深，四周很滑，它的主人权衡再三，认为救它上来不值当，于是就留下孤零零的驴自己走了。驴很生气却又无可奈何，待在里面无计可施。每天，还有人将这个坑当成垃圾桶往里倒垃圾，这头驴就更生气了。它不光生气，还很郁闷：自己已经这么倒霉掉进坑里了，人们不救它还往坑里倒垃圾，难道就算死也不能让它死得舒服一点吗？为了泄愤，驴每天都将这些垃圾狠狠地踩在脚下，来回踱步，因为除此以外，它似乎什么也做不了了。直到有一天，它发现坑里的垃圾每天都被它踩在脚下，坑里不知不觉间已经被垫上了很厚的一层。而它距离坑的出口也较之前近了很多。驴看到了生活下去的希望，一下子转变了自己的心态。后来的每一天，驴不再悲鸣，而是更加期盼着人们来倒垃圾，它将所有的垃圾都踩到自己的脚下，并从垃圾中找到能吃的食物来维持自己的体能。终于有一天，坑里的垃圾成为它逃生的垫脚石，使它重新回到了地面上。

亲爱的朋友，我们的人生也是一样。人生路上，总是会有大大小小不知深浅的坑阻挡在我们前进的路上。面对这些已有的坑，充满抱怨地对待只会让你更加悲观和无措。只有像这头驴一样，内心充满改变自我命运的勇气，将所有的不如意都踩在脚下，才能成功出坑。生活中的我们总会有着这样那样的不如意，总会遇到千奇百怪的各种垃圾。这时，只有改变心态，将垃圾变废为宝，最终才能够登上世界之巅。

第7章

成功者的字典里，永远没有「放弃」两个字

有时，你不得不信，生命其实是一种缘分。很多你刻意追求的东西可能穷尽一生的努力都无法得到，而你不曾期待的灿烂或许会在你的淡泊从容中不期而至。而在这些过程当中，“永不言弃”是我们必须坚持下去才会终有收获的一切前提。或许，当前的你并没有走在你想走的道路上，也不能抵达你想要攀顶的那个山峰，但是中途的放弃只能是将前面的一切努力付诸东流，只有永不放弃地坚持走下去，才有可能看到意想不到的风景。

灰心一时，但不可灰心一世

著名的探索家大卫·利文斯曾经在接受采访的时候说过：“不管我的前方面临的是什么，我都不会灰心，除非我达成了自己的目的。”确实，在没有达成目的之前，一切的顺利与险阻都只能说是暂时的过渡，没有任何实质性的意义。即便面临的是你感觉过不去的那道坎，只要坚信办法总比困难多，最终我们一定能够达成所愿。

生活中的我们经常会产生很多不公平的错觉，仿佛别人做什么都很容易，唯独自己好似不论做什么都要历经千难万苦。但其实，亲爱的朋友，你所肉眼可见的别人的风光与容易不过都是他们坚持已久之后的厚积薄发。

曾经的他也是极度自卑，因为他生来就跟别人不一样。当其他的小朋友茁壮成长的时候，他的身高在长到了100厘米之后就选择了戛然而止。曾经，他也很沮丧，也很幽怨，为什么自己天生就是一个长不高的侏儒，为什么自己不能像其他人一样长高长大。然而，不论怎么排斥，怎么沮丧，事实就是如此，无法改变。终于，他选择了接受自己的不完美，选择了同自己的命运抗争，选择了坚定不移地向目标前进不畏艰难。

他的父亲擅长吉他和电子风琴，从小他最喜欢做的事情就是静静地听他父亲的音乐演奏。听到音乐，沉迷在音乐中，他就可以忘却自己的不幸，感受到前所未有的欢乐。7岁的时候，父亲带他看了一场钢琴演奏会，在这场演奏会上，他被钢琴的美妙音色所俘虏，着迷到了神魂颠倒的地步。于是，从未向父亲有过什么请求的他央求父亲给自己买一架钢琴。心生怜爱的父亲开心地满足了他的心愿。

但是，身高只有100厘米的他，想要学习弹钢琴又谈何容易。天生的侏儒症患者，不光身高有限，还会出现手脚无力、肌肉萎缩、行动不便等并发症状。这些问题加诸在他的身上，想要练习钢琴更是难上加难。就连上下琴凳这种最普通的小事，他也需要别人帮忙。有一次，父亲将他抱上琴凳以后临时有事被迫离开了一小会儿，他一不小心从琴凳上摔了下来，脚被摔骨折。父亲既内疚又心疼，希望他能够重新挑选一种乐器进行学习。然而，他坚决不同意，就是认定了钢琴，想要将钢琴练好。无奈之下，父亲只有尽力帮他，为他解决一些硬件问题，如在钢琴上安装了一个特殊的辅助踩踏器，使他的脚能比较容易地牵动钢琴踏板。然而，辅助踩踏器虽然带来了一定程度上的便利，却不能从根本上解决他的生理缺陷问题，年幼的他在练习钢琴的过程中还是经常受伤。但是，无论家人如何劝他放弃，依旧改变不了他的决心。每天，他都凭借着自己坚强的毅力近乎疯狂地练习钢琴，而且一练就是6年的时间。

13岁那一年，一次偶然的机会，他的父亲为他争取到了一个丑角兼配角的机会，能够让他在舞台上表演心爱的钢琴。就在这次表演中，小号演奏家布鲁内发现了他在钢琴上的特殊悟性，将他推荐给打击乐演奏家洛马诺重点培养。于是，在两位音乐家的悉心培养下，年仅15岁的他就发布了自己人生的第一张专辑《闪光》。优美的曲子震撼人心，也轰动了整个音乐界，再加上他特殊的外形特征，一夜之间，他便成了国家级的“传奇人物”。他就是世界钢琴史上最著名的侏儒钢琴家——来自法国的贝楚齐亚内。

第一次公开表演的时候，他在台下离观众最近的地方站了很久。所有的人都拭目以待，最终，他欢笑着对大家说：“大家看仔细了吗？看好了下面我就开始另一个表演了。”台下的观众不约而同地发出了善意的笑声。演奏结束以后，会场内一片沉寂，人们纷纷被优美的旋律震撼，更被他高超的技艺折服。就在短暂的沉寂之后，人们不约而同地爆发出雷鸣般的掌声。后来，有记者问他为什么要先在台前站3分钟，他微笑着回答道：“我知道很多人是冲着好奇我的长相过来看的，既然这样，就让他们看清楚，然后他们才会仔细聆听我的音乐，才能看到我灵魂的高度，不是吗？”

亲爱的朋友，试想，实力该有多么强大的时候，人才会自信至此呢！可以说，贝楚齐亚内，就是一个身残志坚、勇于接受命运挑战，乐观向上的人生英雄。他的身材虽然永远也长不高，但是灵魂的高度足以让世人仰视。

亲爱的朋友，生活的色彩从来都不是注定的，看你如何对待。你将它调成灰白，它就反馈给你寡淡、冰冷；你将它调成火红，它就回馈你浓烈、热闹。在我们的实际生活中，最终真正点亮生命的从不是明天的景色，而是今天你深信的美好的希望。因此，亲爱的朋友，请你永远相信，即便再平凡，只要拥有一颗永不放弃的内心，坚持下去，最终都会到达理想的远方，拥有属于自己的幸福。或许在这过程当中，我们会有无数次灰心丧气的时候，但是，亲爱的朋友，不要气馁，在没有达成目的之前更不要放弃，坚持下去，勇敢下去，终会有不一样的收获。

成功需要坚持不懈

著名影星史泰龙成名之前的故事应该为很多人所熟知：

在他名不见经传的时候，他是一个相貌普通、没有任何拍戏经验的人，他身上所有钱加起来也无法买到一件像样的西服，人生穷困潦倒至此，但史泰龙始终没有放弃成为一个明星的梦想。没有任何一家电影公司愿意聘用他，他就将他知道的所有电影公司都写下来列成表，一家家地拜访寻找机会。列表上的公司有500家之多，第一轮拜访下来，竟没有一家公司愿意聘用他。我想，换成其他人，遇到这么艰难的情况，这么被轮翻打击可能早就选择了放弃。但是史泰龙没有，他选择了继续拜访，一轮不行就再来一轮。

可惜，上天从不会因为你一时的努力就立刻对你宽容以待，第二轮的拜访仍旧以失败而告终。有人知道了他的计划和失败，劝他还是早点放弃，找点能赚钱的事情做一做，不要将时间和精力都浪费在这个不切实际的梦想上。但是史泰龙不相信自己会一辈子失败，更不相信自己的命运只能一直这样继续下去。于是，他整理好心情，又开始了第三轮拜访，可惜，第三轮拜访仍是以失败而告终，500家公司竟仍然没有一家公司愿意聘用他。

史泰龙真诚地询问原因，被告知的原因千篇一律：长相普通，没有任何的特长。长相没有办法改变，特长更不是一时就能够培养而成的。思考再三，史泰龙决定从写剧本开始，他白天到处找地方打工赚钱，晚上就将所有的时间花在写剧本上，因为这是他认为成本最低的一项投资。没有文化的他想要写剧本又谈何容易，不知道吃了多少苦，克服了多少困难，史泰龙总算完成了自己的第一部剧本。

于是，他带着这本自己写的剧本开始了第四轮的拜访，唯一的要求就是对方要让他扮演剧本的男主角。这一次，开始得仍旧不顺利，但是在拜访到第350家的时候，有所收获。这个公司的负责人被他的坚持不懈所打动，愿意给他提供一次拍电影的机会。史泰龙欣喜若狂，认真准备，终于不负机会，得到了导演的称赞。在拍摄的过程中，他又有幸得到制片人的垂青，投资了他写的剧本《洛奇》并邀请他担任电影的男主角，最终一炮而红。

亲爱的朋友，任何人都有属于自己的梦想。不管起点如何，在追求梦想的过程中，我们都会遇到这样那样的问题，只是有的人遇得多一些，有的人遇得少一点。而我们每个人面对困难时的承受能力、认知能力也是不一样的，有人坚持不下去，中途就选择了放弃，重新开始的时候遇到其他的困难再次放弃，便会觉得生活总是这么艰难。其实只要坚持下去，或许，成功会来得比想象中的晚一点，却一定不会缺席。史泰龙在得到机会以前遭遇了1800多次的失败，爱迪生在成功发明灯泡以前也失败了上万次，但他们最终都成功了，原因都是面对挫折，他们选择了继续坚持。

因此，亲爱的朋友，在选定一个目标之后，就努力让自己坚持下去。在实现目标之前，我们即将面对的压力可能比我们设想的要巨大很多，这是一件正常并且需要作好心理准备的事情。亲爱的朋友，很多时候，实现自己的梦想需要付出的代价往往超出我们的想象。在这过程当中，冲动是魔鬼，退缩是懦夫，只有使自己的内心足够强大，发生任何问题都坚持下去，不言放弃，我们才能看到最后的美丽风景。事实上，亲爱的朋友，请你相信，生活其实远比我们想象中的要宽厚很多，只是我们中的很多人在还没有见证到其宽厚点的时候就轻易选择了放弃。很多时候，生活就是这样，在沿着梦想不断前进行走的路上，没有人会告诉我们这条路会有多远，尽头会在哪里，还要再花费多少的时间，要历经多少的苦难，唯一能够指引我们前行的只有自己内心坚定不移的信仰和坚持到底的决心与毅力。

亲爱的朋友，不积跬步，无以至千里；不积小流，无以成江海。不要小看这每一步的进步。很多时候，只要勇敢地跨出去，尽管只是简单的一小步，却为我们奠定了成功的基石，打开了新的局面。任何成功的喷发都需要日积月累的坚持和不懈，任何看似微小的进步背后都有着千辛万苦的努力。面对已有的失败，只要告诉自己再坚持一步，再坚持一步，一步一步下去，最终出现在我们眼前的，可能就是别有洞天的另一番风景。

平常心对待成功与失败

生活中的我们，不管做任何事情，其实都会有遇到困难的时候。尤其是当我们确定了生活中的某一个目标，朝着目标前进的时候，我们更会发现，困难总是会阻隔到我们前进的脚步。生命有时就是一个讲求缘分的过程，很多时候你刻意想要追求的事物往往会求而不得，你无心插柳的事情却经常真的柳成荫。所以，在这追逐的过程当中，遇到任何的困难请不要灰心，不要放弃。毕竟，在我们的人生长河里，不管做任何事情，如果没有锲而不舍的精神和永不言弃的果决，可能任何事情都无法得到一个完美结果。

亲爱的朋友，我们每个人都有别人能够看见或者看不见的悲伤。当别人羡慕你曼妙的身材的时候，你可能正在为你脸上的雀斑而纠结。而这，通常也正是我们会不快乐的根源，是我们难以跨越的一道门槛。但其实，生活远没有你想象中的这么无情和残酷，它远比我们想象中的要宽厚和大度。只是看我们如何面对。亲爱的朋友，你可曾想过，当你为只喝得起几块钱的饮料而享受不起星巴克感到沮丧的时候，有些人可能连饮料是什么都不知道。就像某次央视记者去大山里采访一户人家，那户人家中的女儿正趴在床上写作业。吃晚饭的时候，父亲端给她一碗泡面吃，记者好心地劝慰道：“泡面对于小朋友并不是很健康，不要给小朋友多吃。”父亲憨厚一笑：“是，不多吃，平时只有过年的时候才给她吃一次。”确实，很多时候，你所认为的“本来”可能跟别人认为的“本来”就从未在同一水平线上。因此，亲爱的朋友，学会宽容与洒脱，并不是鼓吹用世间的不幸去反衬自己的幸运，而是懂得没有必要将生活中的所有苦难都数倍放大，并悲痛欲绝，一蹶不振。

俗话说：“失败是成功之母。”古今中外，无数名人用他们的切身经历告诉我们：追求梦想、追求成功的道路上，失败是人之常情，成功反而充满戏剧成分。所以，孟子会说：故天将降大任于斯人也，必先苦其心志，劳其筋骨，饿其体肤，空乏其身，行拂乱其所为，所以动心忍性，曾益其所不能。我们总是期盼着一帆风顺的生活，这是人之常情，人性使然，却不符合万物能量守恒的固有定律。我们每个人的一生其实都是起伏不定的，没有任何人能够保证自己一帆风顺。人生路上，我们总会遇到这样那样的挫折，只是在挫折面前，有人畏缩，有人哀叹，有人却选择放宽心态，以平常心对待失败，告诉自己继续坚持下去，努力奋斗，所以才会有了那么多不同的结果，不一样的经历。

都说，宝剑锋从磨砺出，梅花香自苦寒来。面对人生中的困难，亲爱的朋友，我们能做的，只能是尽我们自己最大的力量去战胜它，并且借此走向成功。在残酷的现实社会中，我们不需要逃避，因为逃避只会给自己带来更消极的结果，只有争取战胜自己，超越自己，才能够收获属于自己的成功。亲爱的朋友，成功其实从来都不会主动放弃你，除非你自己率先选择放弃。如果因为自己一时的失意或某些方面不可改变的缺陷就太过关注外界对自己的负面评价，长此以往，只会使你缺乏自我内在的价值感，只会让你感受到自我的无能和失败。这时，如果不能及时地加以调整，而是任其发展，最终的你只会越来越消极与抑郁。因此，亲爱的朋友，这种情况下，请再逼自己一把，强迫自己放下悲伤，来到阳光之下，让自己感受到阳光的温度和灿烂，感受到世界的善意和美好。虽然当时的逼迫会让你感受到一丝不舒服和叛逆，但是，亲爱的朋友，请你相信，唯有如此才能够让我们重新开始积累一点一滴的自信，才能让我们恢复当初的快乐与乐观，才会让我们感受到更多的希望与美好。

亲爱的朋友，人生的路很长，生活中的我们也总是会遇到层出不穷的艰辛与磨难。人生的每一阶段都好比过关斩将，赢得了这个阶段，还会有下个阶段在等着你。但是，亲爱的朋友，面对如此实际并不需要悲观，就像胜败从来都是兵家常事，胜败也是我们人生的常态。用平常心去对待所有的成功和失败，用轻松和宽容去面对所有的磨难，人生就会快乐很多，幸福很多。

成就内心强大的自己

生活中的我们总是会有孤独失意的时候，总是会有悲伤难过的时候，总是会有想把自己包裹起来，谁也不见的时候。这时是我们心情最低落、感觉自己人生最无助的时候。但这时，也是我们最应该鼓励自己、坚定心智的时候。

有一朵小花生长在花园里，虽不是什么名贵的品种却也很美丽，但是她自己并不这么觉得。因为她的花骨朵与其他品种的花比起来比较小，花瓣的数量也并不多，所以她总是很自卑，总是觉得自己没有花园里的其他花朵漂亮，于是经常低着头躲在暗处，生怕别的花朵嘲笑她。

一阵清风吹来的时候，其他的花朵都尽力展开自己的身体，尽可能多地争取着氧气的青睐和蝴蝶的光临。只有小花选择卑微地低下头，生怕自己被看到。旁边的茉莉对她说：“小花，你快抬起头来给大家看看，蝴蝶来了能给你带来更多的光彩。”小花却摇摇头，说道：“不，我不行，就算我抬起头来，有你这么出名的花朵在我旁边，蝴蝶也看不到我的，我还是不要自讨没趣了。”茉莉听了，叹息地摇摇头，不再劝解了。这时，一群姑娘欢笑着跑过来欣赏风景，拿出手中的相机到处拍摄，准备给自己留下美好的回忆。玫瑰急忙对小花说：“小花，你快抬起头来。这样别人才会看到你，才能欣赏到你。”小花却把头低得更厉害了，小声地说道：“不，她们是来看你们的，如果我把头抬得很高，吸引她们的注意力，说不定她们会觉得我夹在你们中间，这么丑陋，会把我连根拔起。”说罢，小花竟然还委屈地哭了起来。茉莉和玫瑰只好自己往旁边挪了挪身子，尽量多地给她一点空间。没想到，小花却惊恐地喊道：“不要，拜托你们不要走开，要是没有你们的花瓣遮挡住我这么丑陋的身体，我会暴露在人们的眼前，最终一定会被他们连根拔起的。”茉莉小姐有点生气地说道：“现在，即便我们挡着你避免你被拔起，但是你没有阳光的照射，长此以往，也是会枯萎而死的。”最终，可怜的小花没有死在缺少阳光和雨露中，而是死在了自己的胆怯和自卑中。

亲爱的朋友，生活中的我们都会有像故事中的小花这么脆弱、敏感的时刻，因为我们都会有被一时的失败打击到的时刻。没有人能够每时每刻保持胜利，也没有人能够一直骄傲勇敢，我们总会有自己无法克服的恐惧和软肋。但是，亲爱的朋友，这一切并不应该是我们一直自卑、消极认命的理由和借口。在一次次的打击和失望之后，我们的内心如果只是本能地排斥阳光，将自己藏匿在阴暗的角落，那么这一切都无法改变。而这时，只要收起内心的悲伤，培养自己坚强的意志力，逼迫自己更加勇敢，锻炼自己强大的内心，勇敢地迎着光亮迈出关键的第一步，一切就会不再一样。

亲爱的朋友，请你足够相信：你给世界一缕阳光，世界就会还你一个春天。很多时候，遭遇到生活中的艰难险阻，我们会暂时被消极和悲观笼罩。这时，只有调整好心态，用积极阳光的心态去寻找身边的阳光，阳光才会在你身边聚拢，最终照亮你前方的路。面对失利，很多时候，我们都太过敏感。我们总是习惯了在遇到困难之后将自己包裹起来，拉上厚重的窗帘，将阳光挡在外面。似乎只有这样才能够将自己藏起来，似乎只有藏起来才能够避免一切的被伤害。但其实，亲爱的朋友，一味地逃避只会让自己觉得更加孤单和委屈，无能和渺小，最终只会丧失自信，充满自卑。只有让自己的内心更加强大，学会无视生活中的很多苦痛，大事化小，小事化无，才会拥有一个更加健康快乐的人生。

几米曾经说过：我总是在最深的绝望里，看见最美的风景。确实，生活中的我们不可能一直都生活在顺境之中。人只要活着，就会历经很多的事情，感受到生活中的风风雨雨。有时，我们感觉到好像走到了某一阶段的尽头，仿佛过不去面前的这道坎，但其实仔细想来，我们只是走到了自己内心的尽头。不管面临什么样的困难，经历多么深刻的绝望，其实都只是人生成长的一个个过程，总是会有结束的时候。只要转变思想，改变心态，不再一味逃避，抬起头来勇敢向前，用坚强的内心去面对人生中的风风雨雨，用淡然的心态面对一切变故与挑战，你就会发现改变的机遇可能就在下一秒。亲爱的朋友，请你记住：很多时候，只要足够勇敢，足够坚持，或许就在下一秒钟，一切就能够峰回路转，柳暗花明。我们需要做的只是坚定自我的内心，不动摇，不胆怯，不放弃。

坚韧，让你成为更好的自己

法国著名的思想家伏尔泰曾经分享过这么一个意味深长的谜语：“请问世界上哪样东西既是最长的也是最短的；既是最快的也是最慢的；既是最广大的也是能够分割成最小块的；既是最不受重视，等到失去以后却又是最值得别人惋惜的？没有它的时候你什么也做不了，它能够使一切渺小的事物归于消失，让一切伟大的东西永远伟大。”谜题的答案并不难猜，就是时间。生活中的我们也经常因为时间的宝贵而总是显得很匆忙，我们匆忙地长大，匆忙地上学，匆忙地恋爱结婚生子，就连吃饭有时也是匆匆忙忙的。因为似乎只有匆忙起来才能够体现出我们的价值，体现出我们的追求。但其实，我们并不是喜欢这匆忙的节奏，只是唯恐自己落后于人，在忙碌的人海中与数量有限的机会失之交臂。于是，我们的步伐越走越快，越走越快，希望超越所有人，超越一切。

有时候，我们会很累，累到想让自己不管一切地放弃前进的步伐，累到想让自己放弃曾经所有的坚持。但是，短暂的迷失过后，我们还是会告诉自己，坚持下去，坚持就是胜利。确实，生活中的我们总是会有心情沮丧的时候。因为，我们似乎永远都在忙碌，永远都在奔波。我们每次都说等这个项目结束以后，一定要好好犒劳自己一下；等这个案子忙完以后，一定要好好陪陪孩子；等这个阶段结束以后，一定要给自己放一个长假。但是结束以后，总是会有另一个很快开始。周而复始，我们习惯了对自己一次次爽约，对家人一次次放鸽子，对孩子一次次连哄带骗。直到最后，某一天的某一时刻，我们或许会幡然醒悟，明白自己真实的所思所想，明白自己真正的人生追求，继而开始新的人生征程。

在幡然醒悟以前，我们或许都会有一个黑暗迷茫的过程。在这过程当中，我们或许看不清前进的方向，弄不明白自己坚持到底的原因，甚至想不清楚自己到底在追求什么。或许，身处其中，这个过程的确很惊悚，你会受到很多惊吓。但是，亲爱的朋友，我想要告诉你，这一切其实在我们成长阶段再正常不过了，都是我们在前进过程中会遇到的普遍迷雾。因为我们的人生从来都只能依靠自己去亲身感受，依靠自己去历经种种的磨难，掀开迷雾的面纱，露出人生的真容。

在拨开迷雾之前，亲爱的朋友，请你学会主动调节自己的心情，请你学会泰然处之，请你学会更加坚韧地面对生活中的一切磨难。当你感觉忙个没完的时候，不要郁闷，因为这一切都说明你正在为前程奋斗；当你感觉总不如人的时候，也不要气馁，因为这至少说明你正在试图赶超，只是一切没有那么容易；当你感觉走得艰难的时候，更不要沮丧，因为这说明你正在走上坡路。人生中的我们大抵都是如此，从未有过例外。因此，亲爱的朋友，当你正感到迷茫或是辛苦的时候，学会告诉自己：坚持一下，再坚持一下。最终，你一定会发现，曾经你拒绝放弃的那些努力，是多么地值得。你也可以选择放慢前进的速度，但不要放弃前进的脚步。只是放慢速度，而不是放弃自我的理想，只是为了实现自我的理想而在某一阶段进行必要的潜伏。亲爱的朋友，当你不相信出名要趁早的时候，选择相信厚积薄发，未尝不是另一种走向人生成功的捷径。

亲爱的朋友，人生从来都是公平的。如果你想要追求卓尔不群，你就要有技惊四座的能力和资本；如果你想要追求一呼百应，你就要有海纳百川的心胸和气度。如果你忍受不了生活中的些许磨炼与挫折，承受不住忽视和平淡，那就不要奢望能够达到你所期望的辉煌。人生，原本就是不断地在阳光下灿烂，在风雨中奔跑。向前奔跑的时候，坚持不懈与坚韧不拔应该是我们随身携带的两种利器。亲爱的朋友，在我们的生活中，坚持不懈从不应该只是一个口号，而是我们给予自己的另一个机会，另一个能够帮助我们见证奇迹发生的机会。即便伤痕累累，只要继续坚持，人生就会有无限可能。

亲爱的朋友，相信你自己，从今天开始，只要开始改变，学会坚持，学会坚韧，你就能够找到最好的自己。只要我们学会放下内心的浮躁与悸动，踏实走好脚下的每一步，最终就一定能够用坚韧改写我们各自的人生。

第8章

哪有轻易得来的胜利，不过都是在拼尽全力

有人说拼尽全力以后仍旧失败很残忍，所以不如选择从未努力，从未开始。这样即便失败，至少自己还有可以逃避的借口。但我说，这并不是人生最为残忍的地方；真正残忍的是，总要等花光力气拼尽全力以后，你才不得不承认：自己其实只是芸芸众生中的一个普通人而已，有些宏大的蓝图其实永远都不会出现在我们的生命中，即便强求也无法得来。

但这并不值得我们沮丧，反而让我们明白人生奋斗的真正目标所在，也让我们懂得：这世上哪有什么轻易就能得来的胜利，所有的成功不过都是每个人在拼尽全力后才有机会去争取的。

拼尽全力，回报自来

生活中的我们总是有过这样的时刻：没日没夜地打拼过后却依旧没有收获，这时，很想问问上天：好运究竟什么时候才能降临到我的头上？但总是在快要支撑不下去，想最后再努力一次，不行就真的放弃的时候，往往会被突然而至的光芒照亮。亲爱的朋友，这世界中点滴的温柔与美好就像是缝隙中的阳光，只要有点裂缝，就能照射出刺眼的光芒，给你无尽的希望和未来。而我们需要做的不过就是努力坚持，拼尽全力。

社会中会拼命努力的人分两种：一种是先看到希望才会努力的人，这是人之常情，无可厚非，也是绝大部分努力的人都能做到的事情。因为普遍，所以多半不会有巨大的成就，但是会做出一些成绩。企业中的他们就像是传动机，只要领导者有强大的能量不断地传输给他们，他们就能够持续地运作下去。而另一种则是即便看似没有希望，他们也能够依靠强大的内心选择一直努力坚持下去的人。这样的人就像是自我的发动机，即便失去了强大的外部能源，依旧能够运转自如，并且越来越好。

微博上有个话题曾经非常火，叫作凌晨4点的中国人。起因是大热的综艺节目《极限挑战》做了一期专门探访都市夜归人的专题，通过设置不同的任务让5位嘉宾体验各行各业夜间打工者的生活。其中有一个片段令我至今难忘：罗志祥在全家便利店体验的时候跟店里的小哥闲聊，小哥提到他在刚刚开店的那段时间，经常白班连夜班连续上36个小时，困了就在店门口的车里睡上两个小时。当时罗志祥惊呼："太劳累了吧！"这句惊呼直击我的内心，我无比赞同。谁承想，小哥轻描淡写地说道，那是刚开始，后来习惯了就好了。而店里来来往往的客人也都是出来买份便当、喝杯咖啡就回去继续加班干活。

而这样的事件并不是一个小范围的特例，根据央视一组中国主要城市夜间消费的数据显示：深圳是全国所有城市当中"打车夜奔"距离最长的一个城市，每天夜里23点，是免费公交车的人流高峰期。因此，除了公共服务24小时不打烊之外，诸多的小商户也早已激发了半夜活力，看似永远没有夜幕落下的时刻。而北京的数据显示：城市中的中年人是这个城市里面最不容易的人群，睡得最晚而起得最早。根据准确数据显示，每天凌晨5点，北京就已经迎来了一天中的打车小高峰。

实际上，都市夜归人是每一个大城市的痛点所在。生活在其中的人们，没有人会张口主动说自己有多么地不容易，生活又是如何地艰难。但是走在深夜12点的大街上，你随便拉住一个人，都能聊出不少不为人知的辛酸往事。很多人说，现在的年轻人就算不忙，没有事情做也都喜欢晚上睡很晚，早上不起来。诚然，这是现状，但又有谁知道这背后有着多少无可奈何的选择呢？经常听到朋友圈中的那些百万大V说：我们总是敷着最贵的面膜，却熬着最长的夜。殊不知，生活中的许多人也是明明熬着最长的夜，却依旧敷不起最贵的面膜啊！而更加现实的是，如果不这么拼命努力的话，或许就在不远的未来，你会失去任何发展的余地。

亲爱的朋友，人生的确是会有这么无可奈何的时刻。我们拼命工作，不断努力，疲于奔命，不过是想通过自己的双手给自己和家人更好的生活。而这也正是大城市的魅力所在，虽然辛苦，却将繁华的生活通通展露在你的前面，看似触手可及，给你希望，任你取用。或许，现在努力奔跑中的我们与自己理想中的样子相差甚远，但是我们总会在不断努力的过程当中逐步地缩小这些距离，不是吗？而这，也算是我们人生努力的意义之一，不是吗？

就像曾经有人说过：我们之所以选择每天读书，并不是为了一定要成为作家文豪，只是为了就在十几年后的某个下午，当老公和孩子都不在身边的时候，我们可以独自不那么无聊地度过一段独处的时光；我们之所以选择坚持锻炼，并不是为了一定要成为什么运动健将，拥有魔鬼身材，只是为了拥有一个相对健康的身体，让我们可以平平安安地躲过下一次的流感；我们有人选择考公务员，并不一定就是为了以后踏上政治仕途，憧憬自己成为官场上呼风唤雨般的人，只是为了求得一份可以安心干到老的工作，让自己可以在每年过节时的亲友聚会上，腰板稍微挺直些；我们学习英语，并不一定是为了成为外交家，或许过着普通生活的我们也很少会有出国生活的机会，但是我们依旧花费几年的时间背上万个英语单词，只为了当某日有个朋友送我们一套从国外带回来的护肤品时，我们能够看懂说明书的内容，不会把眼霜涂到脸颊上；我们练习乐器考过十级，并不一定是为了进入交响乐团，进行全球巡演，只是为了当自己老了，儿女带孙辈们回家看望的时候，我们能够让子孙们围坐在身旁，用手风琴拉上一曲《喀秋莎》。

亲爱的朋友，这世界上从没有人说过努力就一定会获得成功，但我笃定地告诉你：不努力，一定只能是死路一条。我们总说，一分耕耘一分收获，这是永恒的真理，也是正确的现实。所以，告诉自己，不要将时间浪费在虚妄的抱怨和悲观消极之中，当生活有不如意的时候，请选择努力吧，努力过后你会发现：自己争气以后，全世界看上去都顺眼多了。

与其迷茫，不如直接行动

回家过年的时候，听亲戚们谈起三叔家的堂姐：在两个月前，堂姐刚刚拿到一级建造师和一级消防的资格证书，以后每年光靠这些证书在手就能够有不少额外收入。听说当时他们单位里一共有七八个人一起过去考试，只有堂姐两个考试都通过了。堂姐今年35岁，有一个两岁的女儿，单位给她的工资又涨了将近1000元。现在堂姐又在自学准备考其他的资格证书。家里人纷纷都在夸奖堂姐，羡慕三叔命好，生养了一个好女儿。都说女孩结婚生子以后基本就跟职场说了拜拜，堂姐却用实际表现给了现实一个个耳光。

但堂姐并不是一开始就是这样的，小的时候一众姐妹当中，就数堂姐最像“假小子”，平时不是出去淘气就是跟着男孩子们一起“闯江湖”，全然没有女孩子该有的文静和秀气。小学三年级的时候，三婶就去世了。三叔一个人既当爹又当妈地拉扯堂姐。堂姐本来和三叔的关系就很冷淡，自此以后更是叛逆起来，三叔的话是一点都听不进去，更不要谈好好学习。

初中毕业之后，堂姐就出去上班了，在老家的一个服装厂里的流水线上做纽扣工。工厂里的生活枯燥乏味，没有人会体谅你只是一个还没长大的小孩，若没有完成当月的指标，也会被扣发工资。在工厂的这一年时间里，堂姐吃了很多苦，于是下定决心重返学校，在家里没黑没白地学了3个月，瘦了十几斤，终于擦边考进了市里的技校。3年之后，堂姐毕业，拿到了中专文凭，成了建筑公司的一名行政人员。家里人都在劝堂姐赶紧相亲找个对象，结婚生子以后在家带孩子就行了。但是重新进入学校的美好生活，有了文凭以后不一样的工作环境和平台，都让堂姐深深体会到了知识的重要性。于是，堂姐毅然选择了边工作边读书这条道路。

工作过程中，堂姐很努力，常常自诩“笨鸟要先飞”。同时，文凭不高一直是堂姐的隐痛。于是，在毕业第三年的时候，堂姐就下定决心自学大专课程，两年以后，就顺利通过考试拿到了大专文凭，还收获了属于自己的真正爱情。结婚以后，堂姐也没有放弃自学文化课程。她又用了两年的时间，自学了本科课程，拿到了土木工程的本科证书。这几年的时间里，我们也就每年过年回家的时候会见面，我没有看过堂姐如何学习，就看到堂姐身材一直偏瘦，但是每次说话的眼神越来越坚定自信。

结婚没多久，堂姐就怀了孕。在家休产假的期间，堂姐也没有闲着，而是有时间就会看书学习。孩子出生以后一直到现在也都每天坚持看书1个小时。10年的时间过去了，现在的堂姐终于也活成了自己想要的样子。

堂姐的事情一直激励着我不断努力，也让我更加深信：其实，我们每个人都可以是自己命运的造梦者，而在我们的生活中，那些所谓的“逆袭”，不过都是个人拼尽全力之后的苦尽甘来以及厚积薄发罢了。亲爱的朋友，当你看到别人光鲜亮丽的时候，希望你也能理解到，曾经的他是走过了怎样的黑暗，经历了怎样的不堪。而他们最终的成功与获得不过是凭着内心这一股不惧前行的信念，最终熬到了人生的曙光。因此，亲爱的朋友，请你记住：并不是每一个看起来很成功的人都有着天生的幸运与轻松，其实他们也只是比别人多经历了一些挫折和失败，明白了人生的真正追求，继而拼尽全力努力前进而已。

亲爱的朋友，这世上从没有人能够保证努力就一定会成功，但我们能够保证：不努力结果一定会很糟糕。其实，努力从没有多么了不起。生活在竞争异常激烈的现代社会，努力其实只是我们正常的生活状态。而我们穷尽一生地努力，也不过是为了更好地过好属于自己的普通生活。

亲爱的朋友，很多时候，我们之所以会失败就在于想得太多而做得太少。我们总是将人生中的大部分时间都花在了设想与抱怨之中，而不是脚踏实地的行动与实践。因此，亲爱的朋友，请学会保持自律，保持行动，保持积极与主动。有所选择以后，就拼尽全力，不留遗憾。

不同的选择有不同的衡量标准

闲聊的时候，姑婆说起了她的人生故事：

姑婆年轻的时候，一毕业就考进了事业单位去工作。在工作第三年，领导觉得姑婆这个小姑娘做事勤勉认真，主动又踏实，也觉得姑婆资质不错，便有意提拔一下姑婆。于是，领导给姑婆争取了一个外派的机会，去外单位交流任职，时间大概是1年。虽然外单位的条件要相对艰苦一些，但是单位里的人都知道，想要以后有所升迁，这次外派就是绝好的。可以说，谁能抓住这次机会，谁就注定了日后的升迁之路。

姑婆知道这次的机会千载难逢，错过一次可能再也遇不上了。但是就在姑婆摩拳擦掌、跃跃欲试的时候，她发现自己怀孕了。姑婆纠结万分，一边是爱的结晶，人生的整体规划，一边是充满希望并且十分难得的职场机会。于是，姑婆问遍了身边的家人和朋友，想要问出一个完美的答案。可惜，鱼与熊掌总是不能兼得。一个朋友说：“万一以后再想要孩子却要不到了，怎么办？工作可以换，孩子却不能没有。”这句话算是彻底撞上了姑婆的心事。姑婆温柔的性格中也断然没有打掉孩子的果决与残忍。于是，姑婆拒绝了领导，将唾手可得的机会让给了其他人——一个比她大3岁的姐姐。那个姐姐也是一毕业就去了那个单位，平时工作一直都是默默无闻，就好像她当时的人生一样乏善可陈。临别聚餐的时候，那个姐姐说，能得到这样的机会，对她而言特别珍贵，她很感激上天。

我记得当时，我曾问姑婆后悔吗，姑婆看了看我，没有正面回答，而是接着给我讲了之后的故事。她说，5个月以后，她听说过那个姐姐在外派单位的事情。那个姐姐说她在外地吃不惯、住不好，并且两地之间的语言、文化、做事风格都存在差异，因此工作进展十分缓慢。而那时的姑婆，肚子已经微微隆起，并且能够规律地感受到阵阵胎动。姑婆说，当时她很庆幸自己没有过去。

3年以后，姑婆还跟以前一样，在单位原先的岗位上默默地耕耘、付出，日复一日，年复一年。而外派出去的姐姐也已经外派归来，转眼就被提拔成了单位里最年轻的女干部。当姑婆每天的生活都是家、单位两点一线的时候，那位姐姐却在光鲜的位置上大刀阔斧，成了单位里叱咤风云的人物。姑婆说，她有时候会忍不住地想，如果当时她同意了外派，去了外单位，抓住了这次机会，那她现在又会过什么样的生活呢？大概现在坐在那个位置上的人，应该就会是她吧。

我又问姑婆，你有后悔过吗？姑婆看了看我说道：“有后悔过一阵子，但好在并没有后悔一辈子。”姑婆说，每当跟姑父吵架、表哥不听话的时候，她就会心生怨念。怨愤当时的她明明就是为了他们放弃了自己的职业生涯，结果却感觉到自己并没有得到足够的尊重与理解。于是，每每那个时候，姑婆就会想，是不是当初她选错了呢？或者说，她究竟是哪里做错了呢？她牺牲大好的机会也只是为了尽力做到让所有人都能够满意啊，为什么最终的结果却看似很不尽如人意呢？姑婆说，后来，她想明白了。她并没有做错，错的也从来都不是她的选择。她只是跟绝大部分的普通人一样选择了一条中规中矩的人生道路，所以注定自己这辈子不会有什么太大的出息。所以如果非要说错的话，就是面对已经既定的现实，对自己有了不准确的期待。

姑婆说，她曾抱怨过上天为何如此地不公平，因为时光飞逝，20年过后同学聚会的时候，似乎只有自己过得这般安稳，这般平庸。但是后来的某一天，姑婆又豁然开朗了：其实人生真的特别公平。姑婆从小就是一个乖乖女，一直按照家人的期待安稳地走着人生的每一步。当姑婆在埋头读书的时候，她的同学们却在大千世界里肆意玩乐，无形间就强化了自我的情商、财商、玩商甚至挫折商。后来当姑婆顺理成章进入“好单位”的时候，她的同学们却可能正在更大的世界里面摸爬滚打，饱受挫折，遭遇冷暖，逼自己杀出一条血路。试问，这一直顺风顺水的人生又哪来的波澜和起伏呢？

亲爱的朋友，这个世界其实真的很公平：我们每个人都是在通过自己的努力，拼尽全力去决定自己想要的生活，去活成自己想要的样子。或许，在这过程当中，我们会有着不一样的困难和坎坷，但是我们也不得不信这样一个事实，即不管你有什么样的选择，不管你最终走的是什么样的道路，其实到最后，每一种生活的付出与得到，整体都还是会成正比的。所以，亲爱的朋友，一旦作出某种选择之后，就请看清自己的选择，拼尽全力去实现能够达到的最好结果吧。对过程中的所有付出甘之如饴，最终，活成你想要的人生，活成你想要的样子，做一个你想成为的你自己。

和时间赛跑，奋力前进

在某一年的上海马拉松上，一个非洲小哥获得了很多人的关注。小哥名叫威尔弗雷德，出生在肯尼亚西南部的一个经济落后的小城市里。同其他家庭经济条件足够好，因而选择出国留学的交换生不同，小哥来到中国是为了尽可能多地赚钱。听小哥介绍，他的父亲只是一名普通农民，收入可怜。家中还有5个姐妹，可以说经济负担非常地重。为此，威尔弗雷德用功读书，想要通过知识改变自己以及家人的命运。最终，威尔弗雷德拿到了宁波大学的全额奖学金，能够来到中国上学。威尔弗雷德的目标是通过大学的专业教育，使自己成为一名合格的工程师。

拿到全额奖学金，来到中国后的威尔弗雷德没有了学费的苦恼，但生活费的来源成了他最大的问题。在同龄人一个电话就能够跟爸爸妈妈要钱的时候，独居海外的他却经常为了省钱而忍饥挨饿。有时候，甚至连续好几天才能吃上一顿饭。威尔弗雷德知道，想要解决自己的困境，节省并不是上上策，自己需要尽快找到稳定的收入来源，需要尽快赚到钱。于是，除了课外时间的兼职之外，威尔弗雷德想到了自己的先天优势：跑步。

威尔弗雷德打听到跑赢一场马拉松比赛，奖金可以高达两万元钱。如果能够赚到这两万元钱，不光能够解决掉自己上学期间的生活费问题，更能够给国内的家人一点经济补贴，改善一下家人的生活。为此，威尔弗雷德利用所有的课余时间不断地练习，希望能够参赛拿奖。然而，即便有着过硬的身体素质，马拉松也不是轻松就能完成的比赛。何况威尔弗雷德还在一边兼职，一边读书，供养着整个贫困的家庭。不知道吃了多少苦，威尔弗雷德最终成功了，他的事迹也被媒体大量转载，引发了马拉松比赛“黑色旋风”的热潮。

克里斯汀·金博尔曾经说过：“世界上根本就没有逃离这一说，只是用一些困难交换另一些困难而已。”于是，我们看到了有条件的家庭都在供养大学生，没有条件的非洲兄弟却在供养着整个贫困家庭。其实，人生在世，我们每个人都有各自的辛苦所在，所谓成年人的世界里面，从来没有“容易”二字。但仔细想想，其实，我们这一辈子又有谁的生活方式是容易的呢？既然如此，我想，我们拼的大概就是谁能苦中作乐并坚持到底吧。

曾经在网上看到这样一个新闻：

河南郑州的一个外卖小哥因为送餐晚了十几分钟，被客人退了单，绝望地坐在路边哭泣。或许，你不明白，仅仅二十几元钱的事情，何至于如此。事实是，这位外卖小哥的家中有着一个身患白血病的小儿子。小哥每天都要工作16个小时以上，就是为了赚钱给小儿子治病。之前小哥也找过其他的工作，但是都没有送外卖的工资高。于是，尽管辛苦万分，小哥还是选择了送外卖这份工作。而就在当晚，小哥的儿子突然发起了高烧，小哥就匆忙从药店买了药送到医院，但紧赶慢赶，还是没能赶上送餐时间。短短的10分钟时间，顾客就退了单。虽然一份外卖也就二十几元钱，但也意味着小哥之前送的五单，全都白干了。我想，那位顾客也没有想到，自己的一个差评，竟会让一个人如此绝望。视频中那位小哥的绝望神情还历历在目，看得出，那时的小哥是悲痛欲绝的。

做了母亲以后，每当孩子生病的时候，我总是会有如同小哥一样的绝望时刻，内心无数次地责怪自己的无能，让孩子吃苦受罪。后来，又不断地告诉自己，要坚强，一定要坚强，因为如果害怕，对于子女来说，就如临深渊。很多时候，生活的艰辛未必会让我们感到绝望，但是涉及自己心之所系、爱之深切的人与事时，我们总会战战兢兢，如履薄冰。但是，片刻的绝望过后，我们还是得告诉自己要振作，要加油，擦干眼泪，一切也就过去了。所谓成熟，就是明明该哭的时候，我们却能选择淡然地笑，不是吗？

亲爱的朋友，我们选择到大城市生活的理由有很多，但追求的目标应该无外乎寻找更多的发展机会，改变自己以及家人的命运。所以，我们宁愿选择背井离乡，独自打拼。我们希望能够用自己的双手为家人创造出更好的生存环境与条件，希望能够用我们微薄的力量回馈自己的父母，让他们安享晚年。亲爱的朋友，既然我们已经作好了人生的选择，我们已经明确了选择的目标所在，那就请奋力奔跑，不留遗憾。相信自己，将所有的时间都用于努力奔跑，最终的我们一定会达成心愿。

用行动品尝人生

曾经有个朋友跟我说，他总是特别羡慕身边那些总能赶上趟、踩到点的人。不管什么时候，他们总能在最对的时间里面做最正确的事情。如找到理想的另一半，挑到一份好的工作，遇到一个好的发展机遇。我明白他嘴里说的这个朋友是谁，他是我们的大学同学——王曦。

大学毕业那年，王曦一个人去了深圳工作，而我们都选择留在了南京。王曦去深圳的第二年，就跟家里人东拼西凑地买了房子，付了首付，背上高于自己工资两倍的房贷。5年以后，眼看着自己事业小有所成，他又跑回南京说要自己创业做自媒体。这些事，在当时看来都特别地不靠谱，但是在现在看来，都是无比正确的决定。于是，王曦一下子成为我们身边的“人生赢家”。大家纷纷跑去求经，结果却发现时代早已不一样。现在的深圳已经不缺人才，房子也更是买不起。而自媒体也早已经过了当初的红利时期。

而向我哭诉的这位朋友，自己却是各种不赶趟。手上有钱的时候我们让他买房，左等右等说各种政策一定会让房价一降再降，眼看着房价翻倍地上涨，手里的钱虽然也在变多，但跟日益飙升的房价比起来已是肉眼可见地缩水。当初说要先买车，又左看右看被各种品牌及促销信息挑花了眼，等到真正决定下来想买的时候，却遇上了南京车牌开始出台落户政策，历经好几次都没能顺利上牌。于是每次哀叹，为什么自己就没有走上一条“成功”路呢？如果当时的他走了一条不一样的道路，现在又该有多么地幸福。

于是，我问他："如果回到过去，再给你一次选择的机会，你会有不一样的选择吗？"他斩钉截铁地回答我一定会。然后我又接着问："那你想想，当时为什么会没有买房买车呢？"他想了想，然后说："没买房是因为钱都用来给我父母还房贷了，没买车是因为当时公司离家近，没有买的必要，所以一直在观望。"种种理由说下来，后来他自己也说，就算再给个机会回到过去，可能自己还是会作出相同的选择吧。于是，朋友终于释然了。确实，生活中的我们也经常一样，其实很多日后可能后悔的决定，对于当初的我们来说，却是那时最适合我们的选择。即便现在的我们再回过头去看过去，似乎不够好，不够完美，那也是我们无可替代的过去。因为我们永远都不应该用10年后的标准去评价我们10年之前作出的决定，因为那时的我们都有当时的特殊条件和局限，所以注定我们人生中的有些遗憾是必然的。

曾经有人说，这世上所有的纠结其实都源自我们凡事都想要一个最优解。确实，这是人性使然，更是很多人的毕生追求。但其实，这是永远无法达到的远方。因为我们永远都不可能跟机器人一样有着设定好的程序和情境，我们也不可能有两次机会重新选择我们的人生。即便真的能够创造条件回到过去，相同的环境也再不会有。人生路上，我们一旦出发，就注定再也不可能回到原点，回到曾经的最初。就像我们不可能带着30岁的阅历回到曾经的20岁去作选择，我们也不可能在生活的当下祈求未来的人生。所以，不要纠结，不要询问别人自己是否应该要结婚，是否应该要离职跳槽，是否应该要作出某个决定，想到就立刻去行动吧，因为只有尝试过后你才会知道正确与否，你才会知道适合与否，你才会知道是否会留有遗憾。

亲爱的朋友，都说人生从没有白走的路。确实，因为即便失败了，也就证明这次走的路只是一条死路而已，我们还是有着大把的机会从头来过，重新开始。曾经，面对选择，我们会很纠结，很想要经过各种衡量找到适合自己的最优解，因而，总是为自己错失的机会而后悔和遗憾。后来却发现，其实，大可不必纠结如此，因为我们的人生从来不存在最优解这一说。我们只能在人生不同阶段的每一个当下作出一个最适合的决定，然后怀着忐忑的心情等着未来的检验与鉴定。所以从这一角度上来说，每个人的成功都带了八分的努力与两分的运气，缺少任何一点，都无法实现。因此，亲爱的朋友，决定了就去努力，努力了就不要后悔与遗憾。人生中的很多事情你不做就永远都不知道正确与否，做了也有可能会觉得自己是错误的。而这时的遗憾与后悔只是往我们悲苦的人生中撒上一把盐，除此之外，无济于事。因此，亲爱的朋友，人生最好的状态莫过于感谢曾经的自己足够努力，对于生命中的过往也从不遗憾。

第9章 没有经验不妨碍你向前，会学习的人总有路走

曾经，我们以为“没有经验”是我们找理想工作的阻碍。后来才发现，每个企业追求的“香饽饽”有两种：经验丰富的业务对接人和刚刚毕业的大学生，而毕业生的毕业院校与其受欢迎程度直接成正比。

大学刚刚毕业的时候，我们会因为没有工作经验而在心仪的公司面前畏畏缩缩，因此，学习的积极者总是会为自己创造就职的条件，积累经验。后来跳槽的时候才发现，曾经的毕业生身份才是自己的护身符。原因其实很简单：没有经验可以通过学习进行积累，没有经验从不是我们停止进步的借口，只要你会学习，总会找到属于你的人生路。

读书让你成为更棒的自己

知乎上曾经有过这样一个热门话题："你认为最为一本万利的投资是什么？"被赞最多的、被许多人认为最为巧妙的回答是："投资自己，好好看书学习。"曾经我对这个答案不以为然，后来懂得，的确如此。曾经我们在书本中被动地知道"唯有读书高"，后来，我们经历了上学时理解不了的社会艰难，才真正明白读书高在哪里。

高尔基曾经说过，书籍是人类进步的阶梯。读书养性，不仅能够陶冶自己的性情，使自己温文尔雅，具有书卷气，更能够帮助我们增强理解能力和写作能力，让我们才思敏捷，才思泉涌。更毫不夸张地说，读书就是我们将人类几千年的科技与文化快速习得的最佳方式。读书的时候，父母总是教导我们要多跟班级里品德好、有礼貌、表现好的同学一起玩耍，那时的我们可能会认为父母未免太过老套及势利。然而现在想想，还真是这样。父母想要的不过是想让我们接触更好的人、更好的环境。

生活中的我们总是会有这样的经历：当一个人身边的朋

友都爱抱怨、偏激易怒、负能量爆棚的时候，你会发现他的脾气通常也不会温和到哪里去，同时戾气也会很重。反之，如果一个人阳光明媚，他身边的朋友也多半积极向上，与人为善，时常感恩。所谓物以类聚，人以群分，说的也正是如此了。因此，亲爱的朋友，多读书，读好书，如果你的意志不够坚定，不妨学习一下三迁的孟母，第一步就是为自己寻找到一个良好的学习环境与氛围。

曾经看过这样一个报道：在名校里面工作，即便是当保安、宿管，甚至是保洁工，也会比同行业同岗位的其他人更有前途。比如，清华大学的食堂里面，曾经有一名厨师叫张立勇。原本，他每天的工作也就是捡煤球、蒸馒头。但是在清华工作的期间，看到很多与他年龄相仿的同学都是各行各业的精英人物，他感到很自卑，便决定从此以后发愤图强。张立勇原本连高中都没有毕业，英语更是差到没有任何基础，最终却通过自学在满分670分的英语托福考试中获得了630分，最后获得了一份与英语相关的工作，可以说是实现了人生的逆袭。再如北京大学曾经有一名保安叫张俊成，某次遇到几个外国人进来参观。他因为不会讲英语而受到了嘲笑，最终决定努力学习，多读书改变自己。后来，机缘巧合下，他得到北大一位教授的帮助，拿下了北大法律成人高考的专科文凭，最终到了一所民办中专担任常务副校长。这可以说是又一个读书改变人生的实例。

根据校内同学的不完全统计，光在这两所学校内，通过读书最终彻底改变命运的校区服务人员，有接近150名。可见，名校不仅能够出人才，还能够让原本普通，甚至是处于底层的人们发愤图强，逆袭人生。而这些跟名校的光环、声望名气等并没有直接的关系，而是取决于名校读书的环境与氛围。当一个人整天在一个充满正能量的圈子里，最终就会耳濡目染地受到熏陶和感化，甚至被激发出奋斗向上的斗志。不得不说，我们处在什么样的环境，每天跟什么样的人相处，有时真的很重要，甚至在不知不觉中影响了我们未来人生的高度。因此，亲爱的朋友，当你发现自己一直在一个圈子里，没有进步甚至退步时，就要考虑一下是否应该主动更换一个环境。因为跟你共事的人，与你一起生活的人，他们的谈吐思维、心态状态等都会在潜移默化中逐渐地同化你。你与一群狼生活在一起，即便你原本是慢腾的羊，也会受到同化逐渐变得更加勇猛、更加敏捷。所以，亲爱的朋友，当你对所处环境无法认同却又无力改变时，不如首先改变自己。而最为简单便利的改变就是读书，重新拾起书本，开始学习。读书，会让你见识到一个更广阔的世界，会让你了解到更多的事实与真理，会让你明白更多的世间百态、人生哲理。

亲爱的朋友，生活中的我们总是一边惊觉时间太快，一边却把每一天过得漫不经心。每当要拿起书本读书学习的时候，似乎总是会有无数个声音在我们的耳边尖叫吵闹，揶揄着我们的突然觉醒，嘲笑着我们的阳奉阴违，看扁了我们想要改变的意志和决心。但是，亲爱的朋友，人生从来没有如果，只有早知道和想当初。一切的事物如果早知相逢不易，当初的我们就应倍加珍惜。就像我们已经早知青春易逝，当初就该拼尽全力。回不去当初没有关系，重要的是拾起书本，现在开始读书。只要坚持下去，以后你就会发现，当你愿意行动起来的时候，接下来的每一天都会发现一个更棒的自己，最终造就一个更好的自己。

吃得苦中苦，才能走出人生低谷

远方堂姐生了小孩以后在家里做了全职妈妈，有一次听父母说，她老公脾气暴躁，动不动就喝酒打人。堂姐一开始闹着要离婚，但自己又没有生存能力，一个人带孩子过不下去，左右为难，特别绝望。而那个堂姐夫看着堂姐每次都只是“雷声大雨点小”，竟越来越肆无忌惮，变本加厉。当时的我听到这个消息，第一句话就问父母：“为什么会活不下去？就算有小孩，就算自己没有什么技能，去酒店刷盘子可不可以？有了钱以后再慢慢学习技能换更好的工作可不可以？”总之，我是难以理解堂姐这种宁愿忍受家暴也不出去自己拼命努力生活的人。

父母说，她读的书没有你多，不像你懂那么多的道理。我却认为，这无关读书的多少，而是对自己的人生绝望得太过随意。明知对方不可能作出改变，却还是选择充满怨气地在旁边苦苦熬着；明知自己遇人不淑已经成为事实，却还是选择将所有的时间花在伤心落泪而不是奋力改变上；明知现在的自己手握一副烂牌，哭哭啼啼不能改变分毫，却还是不懂得翻身自救。想说，拥有这样坐以待毙的人生，你不绝望，谁绝望！

亲爱的朋友，我们的人生都会有绝望异常的时刻，不论面对怎样的困难，与其坐以待毙，不如狠下心来去吃苦学习。人生中的很多问题，解决方案无外乎赚钱积累财富，学习苦练内功。解决之后，你会发现，我们的人生好得很。亲爱的朋友，没有人说努力一定就会成功。但我们依然应该深信，只要肯吃苦，人生就一定能够获得自救。吃苦，吃很多的苦，并不一定会把我们推上人生巅峰，却一定能够将我们拉出人生的低谷。

今年回去过年的时候，遇到我曾经的初中同学晓红，她的变化让我惊讶不已。印象中她有一个常年瘫痪的父亲和一个精神异常的母亲。记得有一次，她的母亲精神病发作，冲到学校里来，非说她身上有妖气，当着我们大家的面就拎着她的头发把她拽走了，一路上都能听到晓红的哀号声。还有一次，她家没钱给她交学费，晓红就自己用一辆破旧的自行车推着家里的小米去街市上卖，来来回回推了好几趟才卖出不多的学费。反正说来，晓红在我眼中，从小就是一个命苦的孩子。

我们毕业的时候，大家都上了不同的高中，只有晓红辍学没有再上。后来，听我妈说，晓红回家去帮人家卖瓜赚钱养家糊口。转眼，20年的时间过去了。今年回老家过年，我妈让我去小区门口的水果店里买点水果，没想到店主正是晓红。我们互相犹疑地试探了半天，才确定了的确是彼此。晓红现在比以前胖了两三倍，精气神儿看着也很好，满脸笑意，嗓门很大，热情地招呼我挑店里的水果。

我们互相聊了一会儿，说起各自的近况。她说她现在的日子已经好过了，自己有两家水果店，都是自己买的商铺，还有两套住宅房，一套自住，一套出租，都是在本市挺好的地段。她结婚早，现在已经有两个小孩了。大儿子今年已经小学快要毕业了，小女儿也上一年级了。老公就在本市上班，朝九晚五，也算稳定。我开玩笑地问她是怎么发家的，她憨厚一笑，挺认真地回答我："我能怎么发家呀，书读得那么少，又没有什么文化，家里也没指望，还不都是一双手没日没夜地苦出来的。"

她说，初中毕业以后，她就帮自己家亲戚卖西瓜，摸到点门路之后就开始自己卖。每天早上两点就起床出门骑着车去批发瓜果，然后急急火火赶去早市占个好位置，早市结束以后又跑去菜市场蹲点，蹲到下午三四点才回家，匆匆忙忙吃点饭，将家中所有的家务收拾妥当，照顾好父母，自己再睡一会儿觉，凌晨又起来去批发瓜果。日复一日，年复一年，就这样的生活过了有3年的时间，就这么一点一点地攒了钱，慢慢有了自己的房子，自己的水果店，自己的老公和孩子以及有点像模像样的家。晓红说："只要肯吃苦，就没有过不好的日子。"特别朴实，也的确是真理。

确实，生活中的我们其实很少会走到无路可走的境地。我们大部分时候的绝望，都是一小半困难加上一大半矫情的配方。面试没通过，就觉得人生绝望了。和父母爱人吵个架，就觉得人间太冷了。甚至周末加个班，就感叹"这哪是人过的日子"。其实，说到底，只是将人间想得太美好，而自己的心理承受能力又太弱。

王石曾经说过：熬过人生最黑暗时刻的经历，最后终将会成为你的财富。而如何熬过去？关键看你有没有迎难而上的勇气和决心。人生本来就是一个升级打怪的过程，如果你的人生一帆风顺，那是老天垂青。如果身在苦中，其实也本该承受。因此，亲爱的朋友，日子艰难的时候，前途渺茫的时候，收起矫情的玻璃心，逼着自己低低头，努努力，狠狠心，去做以前不想做的事情，去付出以前不曾舍得付出的努力，终有一日，你会走出一条崭新并顺畅的道路，会看到一个更为强大的自己。

狠狠心，你就会离成功近一点

曾经有个朋友跟我抱怨，说他自己本科毕业已经一年了，却还没有找到工作，恋爱多年的女友也分了手。他怪自己没用，怪家里没关系，不能给他安排一个好的工作，怪这世界太过现实，自己的人生已经没救了。我回他："你自己有手有脚为什么不出去自己找工作！想赚钱就自己拼，靠家里人算怎么回事？专业不对口就从基层开始做起，觉得不合适就尽早转行。能力不行就好好吃苦锻炼，学历不够就花时间好好学习，不断提升行不行？"虽然他被我回得不再说话，但是我知道他的心里一定想着："拜托，我才刚刚毕业，还要去培训，才不要嘞！"

其实，很多时候，我们之所以会绝望，从不是真的无路可走，而是面前能走的道路都不想走。因为面前能走的路似乎都太苦，看似舒服的想走的路却没有挤过去的能力。这样的人在社会中有很多，既不愿意用这样的苦去换未知的幸福，又偏偏没有能力去走自己期待中看似美好的道路，于是对人生绝望，对社会绝望。其实，如果真的一时找不到合适的工作，那么一边找一份能够谋生的工作，一边提升自己的专业技能并不断地投简历找自己专业对口的工作，这样努力的人生难道不比窝在出租屋里守着一堆可乐方便面打游戏，然后抱怨父母，抱怨社会的颓废生活好吗？

亲爱的朋友，遇到困难挫折的时候，别再抱怨自己的父母和社会了。这世界上的富二代没有多少个，大多数不过都是自己的父母辈努力以后稍微多一点资本的积累。若是给自己扣个穷二代的帽子，就心安理得地放弃努力，未免对自己人生的可能性也太过轻视了。

我有一个表妹说要考一级建造师，考了3年都没过，这让她一度很怀疑人生。但是我知道，看似花了3年的时间，其实根本就是混了3次考试机会。她每次都是吊儿郎当地翻着书，每天回家花一点时间就说已经完成了当天的学习计划，然后在临考前的半个月开始临时抱佛脚，指望最后的冲刺能够有理想的结果。这当然是不可能的，由此，她还虚度了3年的时光。

每次她跟我抱怨考试没过的时候，我都会直接指出她的失败原因，然而她并不认可，回嘴回得比我说得还多：我平时工作那么忙，哪有什么时间看书！白天忙了一天回来，晚上的时候我就想玩玩游戏放松一下，这也有错吗？同学朋友聚会，大家都去了，就我一个人不去，这也不合适呀！周末领导安排活动，整个部门的人都积极参与，就你不去，你也太不识相了吧……直到3次接连的失败，她终于受不了刺激，痛定思痛，准备静下心来，认真备考一次。这回，表妹铁了心一定要过。于是，她给自己制订了详细的学习计划表并准备坚决执行。每天早上早起一个小时看书，直到上班。下班以后坚决不碰游戏，将所有的课余时间都用来看书。考试通过以前，保留的娱乐活动就是看点课外书以及推不掉必须去的“应酬”。因为要上班，看书的时间可以灵活调整，但是一定要保证每日有效学习两小时，周末加倍。

自从定下这个学习计划表以后，表妹坚决按照计划执行。有时候碰上加班，回到家已经很晚了，还要再继续学习两个小时，确实够受的。姑妈以前经常骂她不上进，回来就知道玩，现在看她正儿八经学习，有时候回来已经疲惫不堪了还要再熬着继续学习，又心疼得不行，反过来劝她不要再学习了。但表妹这次铁了心地坚持了下来。这回，整整大半年的时间，她没逛过一次街，没追过一部剧，没玩过一次游戏，见证了这个城市的凌晨和黑夜。考试之前，表妹说我这次一定能过，最终她也的确过了。当她在朋友圈晒成绩的时候，我到下面留言，点赞，真心为她高兴与喝彩。

亲爱的朋友，天道酬勤。人生从来都是很公平，该是你吃的苦吃完了，该给你的也就一定会给你。很多时候，并不是我们真的不行，其实只是对自己不够狠。舍不得下狠心逼自己前进，舍不得下狠心让自己放弃轻松与享乐，舍不得下狠心学会自律，最终的结果也只能是失败与遗憾。

很多时候我们会绝望，会认为自己的人生一事无成。其实并不是真的无路可走，只是能够走的那条路看似很苦，所以被我们自动屏蔽了。这时，我们需要下点狠心，逼迫自己走上这条看似吃苦的路。首先将这阶段需要吃的苦吃下去，再来考虑该有的追求和收获。最终，相信这样有狠劲的我们，一定能够苦尽甘来。

让学习成为生命的一部分

知乎上曾经讨论过这样一个话题：“什么时候是你知识量最丰富的时候？”无一例外，大多数的回答都是初中高中的时候。因为要中考，因为要高考，所以我们总是被逼不得已地努力学习，力争成为一个知识丰富的人，而且是铆足劲力争成为知识最丰富的那一个。也有少部分的人说上了大学，读研期间学习也很用功，为了奖学金，为了拿到更多的资格证书，为自己这么多年的学习生涯换来一个理想的offer，画上一个完美的句号。后来，因为要考取很多工作专业上的资格证书，也有极个别的人提及自己的努力学习过程，但无一例外都是围绕考试展开。因此，最后的结论是：似乎只有面临考试的时候，我们才会拼尽全力，努力学习。等到考试通过以后，学习似乎就变成了一件可有可无的事情。其实，亲爱的朋友，你我都知道，这是不正确的。学习从不应该只是为了应付某一场考试，而应该是一件存在于我们的生命里，融进我们的血液里的一件事情。

确实，很多时候，如果没有一些动力或者紧急而必要的事情，我们或许没有那么强烈的学习愿望，很多人也会认为坚持学习是没有必要的事情。但是，亲爱的朋友，私以为，学习不必要轰轰烈烈，而应该细水长流。就像龙应台曾经在给儿子的信里说道："孩子，我要求你读书用功，不是因为我要你跟别人比成绩，而是因为，我希望你将来会拥有选择的权利，选择有意义、有时间的工作，而不是被迫谋生。当你的工作在你心中有意义，你就有成就感。当你的工作给你时间，不剥夺你的生活，你就有尊严。成就感和尊严，给你快乐。"亲爱的朋友，我们提倡的努力学习也不光只是为了应付考试，应付资格证书，应付一切外在的要求；而是希望你我能够通过学习，能够通过读书这件事情，感受到发自内心的充实和快乐。

生活中的我们总是会有心情苦闷的时候，总是会遇到一些难以消化的事情以及情绪。这时，选择读书学习绝对会是一个最优的排解方式。用拾起书本取代大发雷霆，用静心阅读替代悲观联想，进入书本中美好的世界，你会庆幸自己此刻的选择。亲爱的朋友，可以说：一个人情绪上的崩溃和消极心态的产生很大程度上都来自知识的缺乏。有一个浅显的例子：当一杯充满毒液的水和一杯等量的白开水兑在一起的时候，得到的可能只是双倍的毒液。但是当一杯充满毒液的水和一片汪洋兑在一起的时候，得到的只会是汪洋中的一杯海水。当一个人的知识、学问如同海洋一般宽广的时候，生活中的很多悲观消极也就不复存在了。

亲爱的朋友，今天的优秀一向来自昨天的学习。仔细观察生活中那些成功的优秀者，你会发现：所谓优秀的人其实从来都不是天生就带着优秀光环。相比较于所谓的“失败者”，他们只是对自己要求更高而已。他们总是在任何一件小事上都对自己严格要求，不放弃任何一个学习进步的机会。他们不会因为单纯地追求舒适就一味地散漫放纵，不会因为感觉辛苦就放弃一切的追求。不论在何时何地，学习这件事情都在他们的心中，无须提醒。

就像龙应台曾经问她儿子：今天的青年人对于未来，潇洒得起来吗？她说，法国年轻人在街头呼喊抗议的镜头让全世界都震惊了：这不是20世纪60年代的青年为浪漫的抽象的革命理想上街呐喊——戴着花环、抱着吉他唱歌，这是21世纪的青年为了自己的现实生计在烦恼，在挣扎。我想了一下，深以为然。于是很悲观地在内心回答：确实潇洒不了。亲爱的朋友，身处在这个快速变化发展的时代，既是我们的幸运，也是我们会面临的前所未有的最大挑战。而只有坚持学习、不断进步，才能够让自己永远不被时代淘汰，才有可能与这个时代齐头并进甚至超越过去。面对变化，我们都有过迷茫的时刻，都经历过迷茫懵懂的青春时期。其实最终真正改变我们人生的从不是我们的命运，而是我们的态度。能够在这快速发展的世界里面骄傲地活着的人，都是内心强大、真正有力量的人。人生的成长从来都是在最该柔软的地方偏偏生出最坚强的力量。而想要拥有勇气和力量，在迷茫的时候唤醒自己，最强大有力的力量还是来自自己，来自自己通过读书，通过学习，一步步得来的经验。亲爱的朋友，越在迷惘的时候越要通过学习唤醒自己，学习，不断地学习会让你想起曾经的自己有多么优秀，未来的自己会有多么地了不起。学会用读书这股温柔的力量，帮助自己在这绝望的生活中看到生命的美丽。

第 10 章

学会放下，别为那些无谓的事徒耗心力

小时候的我们总是期盼长大，期盼成长，因为只有长大了才能背负更多，承担更多，而我们也总是天真地以为背负不需要任何的代价，我们可以自然而然地学会背负，这代表着自由。长大以后才发现，从没有无缘无故的长大，更没有不需要任何代价的自由。所谓背负与承担其实是人生的必然，急于背负，过度承担只会让你无所适从，想要逃避。只有学会放下，不再为无谓的事情徒耗心力，人生才能走得更远，走得更轻松。

学会放下，不为难自己

生活的本质是什么？目的又是什么？这是一个值得我们每个人深入思考的问题。私以为，一辈子的时间看似很长实际很短，在没有走到生命尽头以前谁也不知道明天和意外究竟哪个会先到来。因此，我们不应该浪费自己宝贵的时间用于情绪处理上，更不应该用别人的错误来惩罚自己，折磨自己。我们不应为世俗的偏见来惩罚自己，更不应为自己的错误而过于难为自己。随时随地学会放下，轻松看待生活中的一切得失，会让我们更加快乐，也更加强大。

李阳刚刚毕业，意气风发地去心目中的理想大公司面试。他在学校的时候可以说是品学兼优，因而充满自信。面试总共分为两轮：一轮笔试再加一轮面试。李阳顺利通过了笔试，面试的时候也表现良好，便满怀信心地在家等待最后的录取结果。没想到，这家公司后来公布的录取名单里面没有李阳。李阳深感灰心，抑郁和绝望的阴影袭上心头，竟然有了轻生的念头。幸亏家人发现及时，送到医院去抢救，李阳才捡回一条命。

然而，令人始料未及的是，过了不久，他应聘的那家大公司居然给他发来录取的消息。原来他的考试成绩的确是名列榜首的，只是因为在统计考分的时候，电脑系统出了故障，导致他的成绩没有记录在内。技术人员在发现这一故障之后，及时向经理室汇报，人事部收到消息赶紧通知了李阳。李阳得知了这一好消息之后兴奋难耐，居然晕了过去。

李阳自杀以及喜极而晕的消息被公司的人事部得知以后，坏消息很快就传来，他又被公司解聘了。原因也很简单：一个正常的人连未被录取这种小小的打击都承受不起的话，又怎么指望他能够适应职场内高强度的工作节奏呢？指望他能够在公司艰苦奋斗、建功立业可能更是无从谈起了。

李阳虽然在考分上名列榜首，打败了所有的竞争对手，却没能打败自己那颗脆弱易受挫折的内心。而李阳之所以会有这样的表现，究其根本还是得失心太重。不能正确地对待人生中的失败，对自己缺乏足够的信心，遇到一点小事就给自己施加没有必要的压力和紧张，而这也正是导致李阳失败的最根本原因。

亲爱的朋友，在我们追求成功的道路上，会有很多受挫甚至灰心丧气的时候。这时，如果我们就颓废地选择止步不前，那么，等待我们的只能是失败。因此，亲爱的朋友，在平时的工作生活中，当我们感受到郁闷的时候，不必悲伤地躺在床上任由失败的泪水横流，泪水会浸湿的不光是枕被，更有一颗脆弱而不堪一击的心。面对已经遇到的危机和困难，与其怨天尤人而想不开，不如放宽心态擦亮自己的眼睛，找出障碍的解决之道，重新走出一条属于自己的道路，而不是一味地跟自己过不去，更不是毫无进展地自我折磨。

很多时候，如果只是我们一个人，想要追求自己的幸福似乎很简单。但更多的时候，我们总是有着诸多的“身不由己”。我们有相爱的家人与朋友，我们总不会一直是孤独地存在。这时，我们的坏情绪很可能就来自我们身边的人：他们生气，我们也生气；他们郁闷，我们也不开心；他们发愁，我们也跟着愁眉不展。身边的这些亲人成了我们情绪的传感器，给我们造成了这样的感觉：想要让自己快乐，就首先得让别人快乐。其实，亲爱的朋友，被动地受别人情绪感染会让我们凡事拘泥，这无异于自己折磨自己。我们应该要学会放下，学会主动创造快乐，用自己快乐的情绪影响他人，减少大家的悲观。而我们也不会白白付出，生活中快乐愉悦的气氛就是我们能够获得的最大馈赠。

亲爱的朋友，人生在世短短一辈子，想要自己生活得快乐一点，就要告诉自己学会放下，得饶人处且饶人。很多时候，与人为难，紧紧揪住别人的错处不放，为难的只会是自己。世上的烦恼千千万，实在没有必要为难自己，将所有的烦恼都装进自己的脑中。很多时候，我们总是会有“当局者迷旁观者清”的思维，当不愉快的事情发生在别人身上的时候，我们会主动劝解。但是当不愉快发生在自己身上的时候，我们往往很难冷静处理，究其根本还是没有学会放下，放下这件事情的确没有那么容易就能轻松做到，它同快乐一样，其实需要我们学会历练。学会将生活中发生在自己身上的事情慢慢积累消解，长此以往，我们才会在烦恼面前练就出很好的免疫力。而学会放下之后的我们将会收获到更多的幸福和快乐。

忘掉不美好，创造新的精彩生活

在如今这个高速运转的信息化时代里，我们面临各种竞争和压力，如果无法得到有效的释放就会产生各种各样的烦恼，给我们的心理以及生理造成极大的负担。诚然，人生在世，诸事纷至沓来，我们难免会遇到一些自己不想却又无法避免的事情。面对这些无可避免，有人会将“烦死了”挂在嘴边，眉头紧锁，焦躁不安，以至于逐渐迷失，再也抓不住幸福的身影。而另有一群人，纵然也经历着各种无可避免，却很少将“烦”字挂在嘴边。他们内心平静，享受生活和工作，很是幸福。而这两类人之所以会有这么大的区别，究其根本就是前者内心的羁绊太多，无法获得真正的平静。

亲爱的朋友，生活对于我们来说，总是会有数不清的烦恼和忧伤。因为七情六欲本就是我们的人性使然。即便我们只经历过一次忧伤，也有可能会给我们的心理带来一定的阴霾和伤害，因为大发雷霆和忧愁等悲观负面情绪产生的痛苦远远比悲伤事件本身带给我们的伤害要大得多。如果我们没有及时调整，最终只会被不可避免的后果吞噬，逐渐失去自我，变成另一个我们，与当初内心的自己背道而驰。

有一个自称得了忧郁症的病人过去看心理医生，他哭丧着脸告诉医生，自己可能要死了，因为他感觉自己全身哪哪都不舒服。心理医生给他检查了以后发现他并没有患所谓的心理疾病，身体各项机能也很棒。总结而言他只是心情欠佳而已。于是，医生对他说出了自己的结论，让他翻阅一些搞笑的笑话书籍轻松一下。他按照医生的嘱咐开始翻阅笑话书，却并没有开怀大笑。医生看他对书本无甚兴趣，便建议他去观赏新来的马戏团小丑，对他推荐道："那个小丑非常有趣，任何人见到他都会开怀大笑，你去见了他一定也会立刻获得欢乐的。"没成想，听到这话，这人非但没有高兴，反而要哭了出来，他说："医生，一定没有用的，因为我就是那个小丑的扮演者。"这下，轮到医生傻眼了。

我们总是期盼着从"小丑"那里得到欢乐，却忘了"小丑”其实也有扮演者，他们也会有自己的情绪与烦恼。当小丑遇到烦恼的时候，他们又能够依靠谁来获得欢乐呢？其实只有自己。亲爱的朋友，其实我们也是一样，生活中的我们总是会有遇到烦恼、感到忧愁的时候，遇上任何的烦恼，我们都寄情于小丑，期盼通过小丑获得外来的快乐力量，从而解决我们的烦恼，这其实是不现实的。亲爱的朋友，真正能够让我们走出郁闷心情的永远只有我们自己。而依靠自己解决已有的困境，首先要做的就是学会放下，学会在尽可能短的时间内调节我们的糟糕心情与坏情绪。

亲爱的朋友，学会转变心中的坏情绪就是在我们心情好的时候对生活充满感恩，遇到困境烦恼的时候学会放下，学会忽视不美好，学会自我调节。学会自我调节对我们每一个人来说都具有很重要的意义，因为生活中的每一件事情都有可能在我们的大脑中留下难以释怀的偏激，直接影响到我们对以后事物的正确判断。因此，亲爱的朋友，不要过度地期盼生命中一切完美，善于让自己放低期望，放下不合理的欲望，学会脱离不合理的生活状态，学会见好就收。

亲爱的朋友，这世上其实从没有绝对的完美。当你对一件事吹毛求疵，甚至斤斤计较的时候，只会给自己增添无尽的烦恼，而烦恼的后果只会是将事情搞砸，不会有更好的进展。有人说：当上帝为你关上一扇门的时候，一定会为你打开另一扇窗。但亲爱的朋友，这扇窗并不是平白无故就会自动打开的。当你陷入某种困境和弱势的时候，一味地期待别人的帮助是不现实的。在我们人生前进的道路上，唯一能够把自己从水深火热中拯救出来的，只有我们自己。人生中重要的事情并不是面对问题时的责任追究与规避，而是看清问题所在，找到上帝给你开的另一扇窗。

亲爱的朋友，寻找上帝为我们打开的属于自己的一扇窗，需要我们擦亮双眼，更需要我们保持良好心情。

学会放下生活琐事带来的糟糕情绪

幼年时曾经发生过的一件事情令我至今印象深刻：

那时，我家住在一个小村庄里面。家门口有一个小院子，母亲在院子里开辟出一块田地，用来种点小葱小蒜，还有一些时令瓜果蔬菜。有一年，母亲不知道从什么地方得来一株桃树苗，种在了小院边上。村庄里当时只有一个小商店，出去采买一次零食水果都要等到大人们有空结伴去趟10公里以外的镇上。由此，年幼的我对于这株还未长大的桃树苗寄予了厚望。于是，每天放学以后，我总要迫不及待地冲入小院查看一下桃树苗的长势，为它长出一片新叶而欢欣不已。然而，一个月的时间很快过去了，桃树苗并没有任何长高长大的迹象。年幼的我内心很是焦急，无数次地期盼桃树苗快快长大，好早日结出美味可口的桃子。母亲告诉我，桃树苗最终长大直到结出桃子至少需要3年的时间，当时的我简直难以接受。

母亲让我耐心等待，3年的时间很快就会过去。那时的我哪里能听得进这样的话语呢？一想到还有3年的时间才能每天都吃到美味的桃子，我简直如同热锅上的蚂蚁。于是，当时的我坚定地认为一定是母亲逗我开心，其他的蔬果分明每年都会长。转念，我又想到，桃树苗之所以长得这么慢，肯定是因为其他的蔬果抢了它的营养，桃树苗就如同一个刚刚坠地的小婴儿，还没有长大，哪里有力气跟这些成年的蔬果争抢养分呢？我为自己的这一发现欣喜不已，并大胆地作出了一个决定：我要帮桃树苗抢营养！

一个星期天的下午，母亲在家里睡午觉。我便偷偷摸摸起了床，溜到小院里开始我的行动。我拿来一把小铲子，将桃树苗周围的果蔬全部都连根拔起。为了消灭证据还在旁边挖了一个小坑，打算将这些叶子埋进小坑里。很快，小院就被我弄得一片狼藉。不知过了多久，我累得直不起身。母亲却早已经起身，不知何时竟然站在了我的身后。看到小院里一地的狼藉，母亲带着怒气地问我正在干什么。我将事情一五一十地告诉了母亲，母亲并不说话，却将我手中的铲子夺了过去，对我说道："明天你去学校问问你们老师，看看我说得对不对。问问每种果蔬是不是都有自己不同的生长周期。问问桃树苗是不是要长3年才能长大，其他的果蔬只要长一季就能开花结果。"交代完，母亲竟然没有过多地责骂我，只是带我去洗了澡。

成年以后，有一次我跟母亲谈起幼年这些"有趣"的过往，好奇地问母亲为何当时没有胖揍我一顿，甚至大声的训斥也没有。母亲却面带微笑地说道："当时你已经弄成那个样子了，我再打你骂你也没有用啊，况且，我种瓜果蔬菜是为了吃的，没有了就少吃一点就是了。种瓜果、养育你都是为了让我自己开心，可不是为了让自己生气的。"

母亲的一番话透露出的生活智慧令我深深折服。没错，后来的我当然已经知晓是自己错得离谱，错得搞笑。而在往后的时光里，母亲也并没有一直念叨我的这次错误。我却对母亲告诉我的道理不再质疑。同时，母亲面对问题时的淡定与智慧也让我深深折服。往后的生活中，每当我遇到令自己怒火中烧的事情时，脑海中就会浮现出母亲当日的冷静与智慧，我都会很快地告诉自己：冷静下来，不要用别人的错误来惩罚自己，折磨自己的情绪。生命的重要点在于开心与快乐，而不是具体的每一件事情。

亲爱的朋友，生活中的我们总是会遇到各种各样的琐事，总会有极个别的小事让我们有丧失理智、不顾一切的冲动时刻。这时，如果任由情绪滋长而不及时告诫自己放下，我们只会更加怒火中烧，伤人伤己。面对生活中的不如意，我们应该要学会了解清楚自己生命中的真正所求，想尽办法抓住生命中最重要的东西，而不是那些具体的细枝末节。

亲爱的朋友，人生最大的敌人其实就是我们自己。面对生命中的不美好，一味地耿耿于怀只会让我们自己忧心忡忡、郁郁寡欢。其实，健康与快乐才是我们人生中最重要的事情，了解了这一本质，我们就不会被生活中的琐事带来的烦恼与怒气蒙蔽我们的双眼，傻到自己折磨自己。亲爱的朋友，当琐事太多的时候，学会放下。当心情郁闷的时候，走到乡间的小路上去呼吸新鲜的空气，闻一闻泥土的芳香，看一看优美的景色，告诉自己：世间一切小事，淡然于心就好。

学会放下，远离烦恼

俗语说："世上本无事，庸人自扰之。"很多时候，我们都习惯于将自己的注意力集中在一些非常负面的事情上面，总是斤斤计较自己的得失，对于很多应该和不应该的事情总是看不开，放不下，最终将很多烦恼都变成了理所当然，可以说是作茧自缚，徒增烦恼。

亲爱的朋友，不论你是否相信，其实很多时候，我们人生中的烦恼可以说都是自找的。或许，我们会因为对自我要求太高，自己没有达到标准而生自己的闷气。或许，我们会因为别人的讥讽而内心难受并且易怒。但，亲爱的朋友，这些烦恼其实都是能够化解的，并且化解的方法也很简单：转变自己的心态，学会宽容，学会放下。

这一天，有一对夫妻两人闲来无事坐在一起聊天，说到某某同事家里又拆迁了。这时，老公感叹道："这世界真是不公平，有些人什么都不用做，生来就是拆二代。我们努力奋斗了这么多年，却还是一穷二白，什么时候天上掉下来一个大馅饼砸到我们家该有多好。"于是，老婆顺着他的话回答道："你说，假如真的有个大馅饼砸到了我们，我们突然中了一个亿，你想怎么办？"老公听了，不假思索地回答道："这还不简单，我们俩一人一半分了。"

"为什么要分呢？我们夫妻俩不应该一起做投资吗？"老婆心里嘀咕着，却没有说出口，转而问道："那你分了5000万，你想干吗呀？""那当然是……我不告诉你，嘿嘿。"老公刚想回答，看到老婆有点紧张的样子就故意逗了逗她，卖起了关子。"好啊，这还没有钱呢，你就开始防上我了，刚刚我问你怎么办的时候，你就说要对半分，现在想干什么你又故意不告诉我，你说，你是不是在外面有人了，是不是已经有了一笔钱，故意在给我下套呢？”老婆气急败坏地叫喊道。

“你神经病啊，我就只是说着玩玩的，你怎么跟个疯狗一样就缠上了，我要是真有钱了，第一件事情肯定就是跟你离婚。”老公不甘示弱地大声吼道。“你说什么？神经病？疯狗？你再说一遍试试。”老婆一听，脸色都变了，更加生气地喊道。“哎呀，我好怕怕呀，我就说，你个疯婆娘，神经病！”老公不甘示弱，针锋相对道。

话音未落，老婆就拿起手上的扫帚冲了过来，老公也拿起茶几上的杯子朝老婆砸了过去。两个人不由分说地扭打在了一起，你一拳我一脚，彼此嘴里还不停地互相攻击。这时，邻居听到响声赶紧报了警，警察赶到，费了九牛二虎之力才将两个人分开。弄明白了他们俩打架的原因后警察哭笑不得道：“我还以为你们当真中了大奖呢！连一分钱都没有捡到，就互相打起来了，还真是意想不到啊！”

这时，夫妻两人才回过神来，刚刚明明是在很开心地畅想假如自己家中了大奖会怎么样的，怎么就突然开始打架了呢？况且，明明也没有这一笔钱啊！这不是没事找事做，自寻烦恼吗？

亲爱的朋友，上述的故事虽然荒诞却是真实的。通过这个小故事，我们也能够明白，其实很多时候，我们的烦恼往往不是外在的或是别人的原因而导致的，只是因为我们自己将自己困住了。因此，当我们有所烦恼的时候，不防先问一问自己的内心，那些所谓的烦恼是不是真的烦恼呢？要知道，很多时候，烦恼都来源于我们自己的内心，都是我们自己强加给自己的，只是我们未曾察觉而已。就像故事中的夫妻两人，只是因为凭空想象出来的钱如何分配就扭打在一起，直到警察出现，指出他们行为的可笑之处时，他们才恍然大悟，一切的烦恼其实都是他们自找的。

很多时候，生活中的我们都能够明白烦恼其实往往是自找的，但是很多时候还是控制不住自己。亲爱的朋友，解铃还须系铃人，烦恼既然是自找的，想要解脱当然也还要依靠自己。虽然有时候别人的宽慰能够让我们暂时放下烦恼，但是烦恼会如同草原上的野草，春风吹又生。想要根除自己的烦恼，就要从自己的内心出发，学会放下诸多无谓事情的干扰，学会及时清理内心的垃圾，学会宽容待人，学会轻松前行。亲爱的朋友，当你在生活和工作中学会放下的时候，当你学会宽容待人、不再锱铢必较的时候，你的心就会变得越来越宽广，越来越淡然，烦恼自然也就会远离你而去。

放下顾虑，做快乐的自己

生活中总是会有这样的人：他们的生活似乎不是过给自己

的，而是过给别人看的。因为当别人对他们指手画脚的时候，他们往往会十分在意，开始怀疑自己。他们做任何事情都要顾虑别人的眼光，凡事都想要得到别人的赞美，而一旦遭到别人的恶意批评，心里就会不自在。明明自己没有做错什么，也还是不断地怀疑自己。他们总是因为别人一句无意的话就开始情绪低落，耿耿于怀，令自己的情绪变得更加糟糕。这样的人在我们的生活中并不少见，他们也往往难以获得很大的成就。

美国前总统林肯和英国前首相丘吉尔都不约而同地将这样一段话视为真理："对于所有恶意批评的言论，如果我回答的时间远远超过我研究它的时间，我们恐怕就要关门大吉了。我自己将尽自己最大的努力，做自己认为是最好的，而且自己一直坚持到终点。如果证明我是对的，那些恶意批评便不去计较；反之，如果我是错的，那么，即便有10个天使为我辩护也是枉然啊！"亲爱的朋友，人人都有发表批评意见的权利，不管对方说的是对是错，这都是我们无法阻止的。但是，作为真正的当事人，我们自己真正的做事者，有时，隔岸观火和身临其境绝对是两个不同的概念与感受，别人的观点和批评都是以他们的立场与观点在说他们认为正确的事情。而你我都知道，这未必就是正确的。因此，亲爱的朋友，面对质疑和毫无根据的批评，自己认准了就放下重重顾虑，坚定地去做就好。亲爱的朋友，无怨无悔地去做，在做事的过程中坚定自我的内心，放下别人的成见带给自己的负面影响，最终的胜利一定也是属于自己的。

再者，亲爱的朋友，当我们在人生前进的路上事业和前途有了很大起色的时候，当自己准备向更加辉煌的高度去迈进的时候，就免不了会受到别人的羡慕和嫉妒。这是生活的常态和真实所在，也是我们人生路上会遇到的“在所难免”，这时，只要学会放下，学会调节，学会不用自己的心情去绑架别人，消耗别人，学会一笑了之，最终就能学会避免它带给我们的负面情绪。

有人说过这样一段话：“没有人能够保证自己一定就会被所有的人喜欢，有人喜欢你就有人会讨厌你，这是一件很正常的事情。但这带来的结果就是，有时候你做一件事情，喜欢你的人会觉得你做什么都对，而讨厌你的人却会觉得你做什么都错。所以，只要你学会放下别人的看法，坚持做你自己心里认为正确的事情就好。反正你是要受到批评的，做了会被批评，不做也会被批评，那就还是尽可能地去做一些自己应该做的事情吧！”确实，我们应该学会对一切非议都不再在意，学会对一切非议都一笑了之，学会练就强大内心，学会放下别人的成见，再也不去想别人的评价好坏，而是认认真真地将自己想要做的事情做到最好。

生活中的有些人一听到别人的批评或讥讽就勃然大怒，甚至像一头发怒的狮子一样大动干戈。但其实，这样的结果只会是中了别人的圈套，折损了自己的精力，不光对我们自己要做的事情是极大的障碍，对自己的身体也是有弊无利。因此，面对别人的讥讽和无理由的批评，我们大可不必与对方置气。学会机敏和开阔，学会放下内心的太过在意，学会淡然，就能化危机于无形，就会成为更棒的自己。

亲爱的朋友，人生匆匆几十年，如果我们每天都活在别人的评价之中，最终只会逐渐丢失自我，成为一个“四不像”。只有坚定地明确自己的目标，学会放下很多外在的干扰，学会放下内心的敏感与不安，然后用尽全力向前奔跑，拼尽一切努力做事，最终才会成为真正的自己，才能真正实现自己的梦想。每每被激怒或者消极悲观的时候，亲爱的朋友，请想一想自己的生活目标，想一想自己真正的追求所在。然后调整好自己的心态，告诉自己：我们的生活从不是为了别人而活，我们做事的目的也不是让自己生气，我们的人生意义更不用别人来作评价。因此，学会放下，学会淡然，学会享受生命中的一切美好，最终，人生就会变成自己的，生活就会变成快乐的。

第11章

别害怕恐惧的存在，让它成为你无所畏惧的动力

恐惧，其实是人类本能的一种心理反应，是一种正常的心理状态，是自我保护的一种方式。恐惧，是一种无可避免的客观存在，我们无法改变。但想要成就更加完美的人生，我们只能学会直面恐惧，学会改变自己，学会让恐惧变成我们前进的动力，力量的源泉。

学会勇敢直面恐惧

人生中的大多数失败，其实并非输给了对手，而是输给了自己，输给了我们内心的恐惧。因为恐惧的存在，让我们原本自信的人生变得自卑；因为恐惧的存在，让我们原本鼓足的勇气逐渐消失，变得一蹶不振。这些都让我们变得不再是自己，致使我们无法承受生活中的失败而白白丢失了原本属于我们的机遇。因此，亲爱的朋友，想要成为人生的赢家，第一步，我们就要学会战胜自己，消除内心的恐惧。而想要根除内心的恐惧，首先，我们应该要学会直面恐惧带来的负面结果，学会承担，学会接受，学会释然。

亲爱的朋友，有一种失败叫作输给了自己。生活中的我们总是会有这样的经历，不知道在害怕什么，但是面对一些我们不太了解的行业和知识点，我们总是缺乏足够的自信和绝对的勇气，略微紧张，不会侃侃而谈，这是正常人的正常反应。胆小一点的，就会变成恐惧。你问他害怕什么，他会回答不知道。其实是害怕未知，害怕自己所不熟悉的其他，害怕自己的不能接受，说到底，是没有自信，是给自己设好了限制。而在我们的现实生活当中，很多人之所以会失败，往往就是因为在内心里面给自己设了限制。明明什么都还没有开始尝试，却早早给自己戴上了不可能的帽子。就像是史玉柱曾经说过的：“人生最大的敌人是自己，多数人的失败，其实都是输给了自己。”

童话故事《骄傲的神射手》里面，主人公依波斯是一个远近闻名的“神射手”，他跟村民一起打猎的时候，从来都是百发百中，从未失手过。因此，人们都称赞他的射击技术高超，对他十分敬佩。他的美名很快就传到了皇帝的耳中。

有一天，皇宫要举行盛大的射猎游戏。皇帝便派人去邀请依波斯一起参加，并对他许下承诺：“人们都说你是个真正的‘神射手’，今天我想来见识一下。远处有一只小鸟，如果你能够射中它，我就赐给你黄金万两并且给你颁发‘神射手’证书，但是如果你射不中的话，就说明你是徒有虚名，你的代价就是要被我发配到边疆去做苦力。”

依波斯听了皇帝的话语，一言不发，但是神色明显变得激动起来。他取出一支箭搭上弓弦，手却不由自主地颤抖起来，因为他太想射中。依波斯表面淡定，内心却在祈祷：“神啊，求你让我射中这只鸟吧，只要能射中这只鸟，我就能够得到黄金万两，还能够从此以后改变自己的命运。”我的命运如何，就看今天这支箭了。依波斯一边这么想着，一边紧张万分地射出箭。可惜，天不遂人愿，依波斯的这支箭最终还是落在了旁边的树上，小鸟被惊吓到，惊叫一声飞走了。

丞相看到依波斯的表现，不经感叹道：“看来，只有真正能够战胜自己心魔的人，才能被真正地称为‘神射手’啊！”

确实，亲爱的朋友，与其说依波斯败给了那只小鸟，不如说依波斯败给了自己，败给了他自己的紧张，败给了自己的内心，败给了植根于内心的恐惧。其实，纵使黄金万两和“神射手”的虚名真的能够得到，说到底，不过是多得了一些身外之物而已。人生在世，我们会有很多想要追求的身外之物，追求固然无可厚非，但是即便失败，不过也是原地踏步而已，又何必太过介怀呢？而依波斯正是没有明白这个道理，才导致了他的最终失败。

亲爱的朋友，其实，你要明白：很多事情，在你还没开始尝试的时候，在你害怕的那一瞬间，就已经注定了你的失败。因为我们在害怕的那一瞬间，已经将自己放在了一个弱者的位置上，这时，就算拥有再高的技艺，也注定了弱势的先决条件。

亲爱的朋友，就像法拉第曾经说过的：“拼命去换取成功，但不希望一定会成功，其结果往往就会成功，而这就是成功的奥秘。”当我们在面对各方压力的时候，往往会被恐惧所控制，而一旦被恐惧占领了我们的心房，我们能够拥有的就只会是心神不宁以及惶惶不安，而这些带来的最终结果只会是发挥的失误。因此，亲爱的朋友，请你明白：人生就是这样，怕什么往往就真的会遇到什么。畏惧失败也是一样，只会让我们更快地遭受失败，我们只有在精神上首先战胜自己，才能够克服对未知的恐惧，才能够心态平和地走向卓越，最终走向成功。

越逃避，越失败

很久以前，我并不理解鲁迅先生说的“真的勇士，敢于直面惨淡的人生，敢于正视淋漓的鲜血”所代表的真正含义。后来，有所经历以后才愈加明白：面对残酷的现实其实需要很大的勇气。生活中的我们不见得会遭遇到多么骇人听闻的悲剧，却总会有数不尽的艰难与险阻。只有勇于面对，才能够不断前进。而逃避只能代表懦弱，会让你形成懒惰的恶习，进入难以自拔的怪圈。

大学毕业的时候，李龙河和黄亚龙同时进了一家上市公司上班。两人是同班同学，后来都分配进了公司的业绩部门做销售员。李龙河是个生性积极、乐观的人，在熟悉了公司业务的相关流程以后，很快就针对公司部门的职位构成给自己做了一套详尽的职业发展规划。根据自己的发展规划,李龙河工作积极上进，遇到什么难题都积极解决。还利用空余时间通过表格工具等作数据分析，主动对难搞定的客户作相关的原因分析，探究成交秘诀。一年的时间很快就过去了，李龙河的努力收到了回报，他不光被评选为“部门销售冠军”，也因为优异的工作表现被领导视为公司支柱型人才，两年以后更是被提升为销售部门的经理。后来，有猎头公司主动打电话联系到他，为他介绍了更有实力的公司，李龙河凭借过硬的专业素养成功征服了对方，成为那家公司销售部门的负责人，从此走上了更加宽阔的职业发展道路。反观黄亚龙，生性比较悲观，对什么事情似乎都提不起兴趣。上班的时候消极怠工，应付了事，遇到什么难题都抱怨连连，怪自己倒霉，怪公司制度管理不完善。领导每次找他谈话的时候，就听他抱怨自己工资太低，环境差，任务重，压力太大，或者说自己不知道目标在哪里，不清楚领导的相关安排，不清楚工作的具体步骤，或者干脆推卸责任，说这些事情不归自己管……总之，就是自己都是对的，所有发生的问题责任都是在其他人，却从来不懂得反思自己的问题。

就这样，短短半年时间，黄亚龙就被辞退。接下来的时间里面，黄亚龙又开始重新找工作，换工作……短短3年的时间里面，他换了5份工作，却没有得到任何提升，没有取得任何成就，反而遇人就抱怨自己的不幸，积聚了满腹的牢骚。

亲爱的朋友，人生就是这样。所谓越努力越幸运，越逃避越倒霉。当你用逃避的心态面对一切的时候，你遇到任何问题都只会绕道而走。就像是故事中的李龙河和黄亚龙，面对相同的境遇，一个选择积极向上，主动解决，最终的结果是幸福美满。另一个却消极悲观，故意逃避，最终只能是陷入困难的旋涡，难以自拔。亲爱的朋友，逃避会上瘾，逃避带来的懒惰与一时的清闲会让你感到暂时的轻松。但，亲爱的朋友，请你相信：勇敢地面对现实残酷的真相才是你通往幸福的必经之路。人生路上总是有很多我们绕不过去的必经之路，必须倚仗我们勇敢地面对才能够解决，任何的外力都无法依靠。面对这些必须迈过去的坎，你可以选择主动出击，勇敢面对，也可以选择懦弱逃避，只是你要明白，人生是自己的，任何人都无法替你完成。过去的已经成为定局，无法改变，未来却可以通过你主动积极的努力得到改写。

亲爱的朋友，人生在世，我们总会遇到各式各样的困难与烦恼，但是只要积极向上，勇敢面对遇到的一切困难，就不会永远只面临相同的烦恼。因此，我们没有必要陷在悲观消极情绪旋涡里走不出来。将不同阶段的这些烦恼当作人生的一个过客，所有烦恼只是来磨炼我们的意志，考验我们的信心。只要学会勇于面对，积极主动，困难就会像是见不得阳光的黑暗，瞬间消失。

亲爱的朋友，今天虽然很短，却很重要。美好的当下不仅能够将过去的辉煌延续，更能够为灿烂的明天打好坚实的基础。请你相信办法总是会比困难多，只要通过积极主动的努力，我们就能够把失败的昨天变成成功的明天。这一切的前提都是：你足够努力，不要逃避。因此，亲爱的朋友，既然身处今天，就不要总是怀念过去，感叹现状，充满埋怨。我们应该做的是把每一个今天都当成人生的开始。用积极向上的心态面对一切，脚踏实地，积极主动，将今天遇到的问题及时解决，才有可能迎来灿烂光明的明天。不是吗？

畏惧失败，只会让你更失败

生活中的我们都追求成功，鲜少有人会对失败甘之如饴。这是客观的事实，也是我们的众望所归。但通往成功的路上一定有着很多的未知和困阻，如果我们无法学会正确面对，遇到任何问题的第一反应就是逃避，那么，迎接我们的只会是不断的失败和重新再来。世间的害怕大体可以分为两种：一种是根植于内心的过去的可怕经历，因为受过伤害，所以一朝被蛇咬十年怕井绳。另一种则是面向未知而产生的胆怯。已知的恐惧可以通过追根溯源而根治，未知的胆怯却只能凭借我们内心力量的增强而克服。

曾经，听说过这样一个故事：

有一个心理学老师，特地挑选了10名心理素质很强的学生跟着他一起做一个实验。出发的时候，老师对他们说：“我们即将通过的是一个充满危险的房间，但是你们只要排好队紧跟我，不要单独行动，更不要逗留，我保证你们都可以安全地通过。”学生们听从了老师的话语，小心翼翼地在后面跟着老师。虽然房间很黑，伸手不见五指，但是脚底下很平坦，因此，毫无意外地，学生们都顺利地走过了房间。这时，老师打开墙面上的一盏灯。整个房间在昏黄的灯光下散发出诡异、萧瑟的气氛。大家回头一看，顿时被吓得半死：原来，整个房间被一条宽阔的大水池隔成了三部分。水池中间有一座狭窄的独木桥，桥的宽度大概也就能够通过一个人，学生们刚刚正是通过那条唯一的桥来到了房间里面。桥下面赫然游着十几条张着血盆大口的鳄鱼，正瞪着冰冷的眼睛看着他们。

这时，老师提问道：“现在灯已经打开了，你们已经看到了下面的危险。现在，请你们自己回去吧，谁愿意做第一个？”然而，看到水池里面的鳄鱼，没有学生愿意主动迈出第一步。好说歹说以后，有3个学生哆嗦着回去了，剩下的7个学生却无论怎样都不愿意往回走。看到这种情况，老师又打开了房内的几盏灯，整个房间被照得灯火通明，老师让学生们再仔细看一下桥下面。原来在独木桥和鳄鱼之间还有一层细密的浅颜色的防护网，刚刚房间内灯光昏暗，一时竟没有看清。这样，又有5个学生壮着胆子走了回去。剩下两个学生无论如何也不肯独自走回去。

亲爱的朋友，其实上面的独木桥和下面的鳄鱼从来没有变过，变的不过是我们的内心。学生们能够在不知情的情况下坦然过桥，却在知道真相以后吓得面无人色，再也不敢从桥上走过。原因很简单，却也令人深思。由此，亲爱的朋友，我们可以了解到：很多时候，我们内心真正恐惧的从来都只是恐惧本身，其实跟外在的境遇毫不相干。当我们将这些外来的恐惧无端放大的时候，只会是被吓倒，最终一败涂地。其实不难想象，身处逆境的时候，我们总是将自己正在遭受的困难与挫折无限放大，将自己放在一个可怜可悲的位置上，在还没有行动改变以前，就先给自己下了一个“一定会失败”的判断，最终真的被这种恐惧心理吓倒。

亲爱的朋友，很多时候，并不是我们真的没有解决问题的能力和避免事情发生的技巧，只是我们缺失了应有的胆量，缺失了大无畏的精神，用逃避和认怂乖乖给了自己一个答案。

亲爱的朋友，就像罗斯福曾经在就任美国总统期间说过的一句名言：“我们唯一值得恐惧的就是恐惧本身——一种会使我们由后退转而前进所需要的努力陷于瘫痪的那种无名的、没有道理的、毫无根据的害怕。”确实，亲爱的朋友，我们总是这样，因为面对许多的未知，所以感到恐惧。而因为内心的恐惧造成了对未知更加害怕，由此，形成一个恶性循环，无法自拔。但其实，亲爱的朋友，很多时候，我们只是会对自己并不熟悉的未知事物感到害怕，感到很多的不确定性。这时，如果我们能够鼓足勇气，让自己多一个选择，深入地去了解一下未知，或许，就会打开人生的一个新篇章。

我们会对很多未知的事物感到害怕，很大程度上都是源自我们主观地缩小自己的幸运点，而无故地放大我们遇到的不幸。如仅仅是追求梦想的过程中遭受到了一点挫折，有人就感到了前途一片渺茫，便失去了坚持下去的勇气。但其实，这只不过是千千万万追求梦想的人中都会遇到的普遍问题。当我们因为一点点的挫折就变得更加小心翼翼，甚至墨守成规的时候，我们就已经将自己禁锢在了一个悲观看待问题的角度上，最终只会为我们招来更大的不幸。

面对恐惧，大胆放开手脚

小时候的我经常有做噩梦的经历，在梦境里面临危险，害怕到了极点的最后一刻，心里总会响起一个声音："不要害怕，这只是在梦境中，睁开眼睛就好。"于是，我会立刻睁开眼睛，发现刚刚的危险真的只是在做梦，世界还是依旧美好地存在着。长大后，我们也经常会有面对恐惧的时刻，如出去贪玩没有及时完成家庭作业而担心会被老师责骂的时候，如做错事担心会被父母或者领导责骂的时候，再如走在陌生的道路上，担心遇到抢劫等极端犯罪的时候。尽管我们并不期望，但确实无可奈何，我们的人生中还是会有很多时刻会让我们产生恐惧。

然而，面临恐惧并不可怕，值得注意的是我们面对恐惧的态度。都说困难像弹簧，私以为，恐惧也是如此。它就像是一个外强中干的绣花枕头，又像是一个欺软怕硬的墙头草，你给它一点颜色，它会立刻服软，你向它展示你的怯懦，就只会被它狠狠地羞辱和吊打。

记得有一次公司举办拓展活动，一起玩“撕名牌”的游戏。有一个女同事表现得一直很勇猛，接连撕下很多人，大家都以为最终的赢家可能是她了。后来，场内连她在内就剩下了3个人，其余的两个人准备联手先将她撕掉。就是在一对二这样的情况下，这位女同事还是凭借顽强的毅力和灵活的闪躲成功撕掉了一个人，破坏了她们的联盟。最终，只剩下她和另一个女生芳对决。两人很快就缠斗在一起，分不清输赢。或许是前期消耗了太多的力气，没多久就看到她站了起来往外走。而就在她往外走的那一瞬间，芳迅速撕掉了她的名牌，获得了胜利。后来，我们问她为什么突然站起来往外走。她说在缠斗的过程中，芳一直在跟她重复一句话：“你已经被我撕掉了。”

在这句话的洗脑之下，她真的以为自己已经失败了,真的以为自己的名牌已经被撕掉，因而转身离开，却在毫无防备的情况下被轻松撕下了名牌。

“我以为”听似一个非常正确的词语，很多时候，却是我们最大的敌人。它暴露了我们认知最为松懈的地方，和“早知道”有着异曲同工之妙。这也无比正确地印证着：我们最大的敌人其实从不是外人，而是我们自己。有意思的是，恐惧在很多时候也正是机智地利用这一点，轻松地将我们置于死地，不费吹灰之力。

亲爱的朋友，我们每个人都会有恐惧感，这是我们得以生存的本能之一。我们害怕会被这个时代淘汰，所以才会不断学习进步。我们害怕会被其他的生物取代我们的领导地位，所以才会有了不断的进化本能。我们害怕会被同龄人抛弃，所以选择默默努力，不断上进。可以说，正是有了恐惧的存在，才使得我们有了不断进步的动力和契机。因此，恐惧感的存在可以说是我们保护自身的一种安全手段。但问题是，恐惧感在我们的心里住得再久，也不会自觉地画地为牢。它会越来越肆无忌惮地扩大它的领域，让我们的内心越来越不受我们的控制，直至彻底沦丧为它的殖民地。在这样的状态下，不要说是梦想，我们可能连最基本的生存能力也会丧失殆尽。因此，我们需要学会面对恐惧，学会驾驭恐惧，让它变成我们的宠物，而不是主宰。

亲爱的朋友，一旦恐惧占据了你的心灵，自信就会消失得无影无踪。尽管别人劝解你不要焦虑，多数我们担心的事情其实并不会成真。即便真的发生了糟糕透顶的事情，我们也还是会有无数的办法能够解决这些困境，获得安全——但是，恐惧会让你拒绝相信这些，会让你成为懦弱、怪诞的另一个自己。因此，亲爱的朋友，面临恐惧的时候，你尽可以试试看，当你好似空手道冠军一般俯视阻挡在你面前的恐惧时，当你对面前的恐惧怒目而视时，你会发现，恐惧正在慢慢动摇，摇晃，直到最后夹着狐假虎威的尾巴仓皇而逃。恐惧是狐，你首先展现出的胆怯对于它而言则是老虎实力的存在，因此，亲爱的朋友，请你学会勇敢地面对恐惧，将眼睛睁大，然后皱眉，让它看到你的勇气，在你面前快速遁走。然后你会发现：所有的恐惧都是纸老虎一般的存在，只要你学会勇敢，它就会越来越弱，直至最后，消失不见。或许，你也会有无法克服的生理恐惧。那么，学会小心谨慎，学会远离危险，便是对自我最大的保护。

假想敌是用来被超越的

生活中的我们或许都曾有过给自己设立一个假想敌的时

候，但是，不同的人用不同的心态来面对假想敌，最后能够达到的效果是不一样的。有些人会用自己设立的假想敌给自己正面的激励，督促自己不断努力前进，不断超越自己。有些人却会一直跟自己假想的敌人较劲，处处针锋相对，甚至伤人伤己，做出一些损人不利己的事情。私以为，后者实在是没有必要。

既然称为假想敌，必定是虚拟的、不存在于现实生活中的。他有可能是我们的某个同学、同事或者有一定竞争关系的人物形象，却不一定就是他们本人。当我们在生活中总是有意无意地将某个人设为假想敌，并为此费尽心思争斗较劲的时候，最终的结果只会是自寻烦恼。

职场上的我们，经常会遇见到这样一些人：他们明明在工作中已经取得了一定的成绩，却总会因为自己的多疑而觉得某些同事在背后批评自己。于是，无缘由地将这些同事当成自己的假想敌，总是充满了竞争感，不管做什么事情都想要通过比较显示出自己的“高人一等”。长此以往，他们发现自己似乎总是被这些“敌人”撵着跑，想要停下来休息的时候，却又担心自己可能会被超越而受到耻笑，因而总是疲惫不堪。但其实，只是他们自己忘了休息，忘了与自己和解，忘了让自己学会放下。

《鲁滨逊漂流记》里面描述过这样一段故事：

某次出去历险的时候，鲁滨逊不幸遭遇了海难，乘坐的轮船被打翻，可怜但幸运的鲁滨逊被海浪冲到了一个荒无人烟的孤岛上。那是鲁滨逊第一次遭遇到这种情况，于是他不停地祈祷，希望能够有过往的船只拯救他。荒岛上面没有任何人类来过的迹象，在距离海边一公里的地方有一片森林，每每到了晚上就会发出诡异的叫声，闪出怪异的光芒。鲁滨逊被吓坏了，不敢轻举妄动。即便是白天，也不敢靠近森林半步，脑海中总是会闪现出怪物出现然后将他掳走的画面。于是，他选择饿着肚子在海滩旁边等待，期盼会有过往的船只拯救他。

然而，现实是残忍的，一连两个星期过去了，他仍没有见到任何一艘船经过。疲惫不堪的鲁滨逊又渴又饿，已经到了身体的极限，每走一步路都要花费很长的时间。这时，鲁滨逊想，既然等下去也是死，为何不走进森林去看一眼呢？当即，鲁滨逊决定硬着头皮走进森林去看一眼。艰难地挪到森林以后，鲁滨逊傻眼了。森林里面到处都是熟透的瓜果，因为长时间没有人采摘，很多都已经成熟透顶落到了地面上。鲁滨逊不管不顾地饱餐了一顿，吃饱的时候天差不多已经黑了，海风吹过来，到处都是熟透的瓜果跌落的声音，还有不知名的生物飞来飞去的声音。熟透的瓜果落在地上，长时间的发酵过后，发出幽微的蓝光，在黑幕的衬托下显得更加诡异，却没有丝毫危险。而这也正是之前鲁滨逊所听见和看见的“恐怖的声音和光亮”。正是因为有了这些恐怖的联想，鲁滨逊白白在森林外面忍饥挨饿了两个星期。我想，鲁滨逊在发现瓜果的那一刻，他的内心一定是矛盾的。有找到食物的欣喜，更有没有早点尝试的懊悔与遗憾。

值得庆幸的是，鲁滨逊还是赶在生命的尽头以前作了努力和尝试，并成功拯救了自己的生命，也学习到了“不要用假象打败自己”的宝贵经验。

亲爱的朋友，我们的人生也是这样。当你遇到危险，什么也没有观察，而是先给自己树立了一个个假想敌的时候，可以说，已经奠定了你失败的基础。在适当的时候，假想敌的存在不光能够激励我们不断前进，更能够使我们保持旺盛的活力。但是，亲爱的朋友，凡事过犹不及，都要掌握好相应的度与量。在感觉到自己的紧绷与失控的时候，我们应该学会及时地调整与反思。不要将所有的“敌人”都想象得那么强大而忽视自己的力量，其实，在没有行动以前，没有人知道自己的力量会有多么强大和无敌。因此，亲爱的朋友，请你相信：人生的大部分敌人其实都是我们自己，而绝不会是其他人。当你生命中出现了许多假想敌的时候，其实代表的是你自信心的缺失。因此，在遇到危险或竞争的时候，首先摆正自己的心态，让自己学会平和与放松，用尽全力努力尝试以后，再回头观察，你一定会发现，你的假想敌正在慢慢变弱，直至消失不见。

参考文献

[1]陈德军.放下烦恼，遇见快乐的自己[M].北京：清华大学出版社，2013.

[2]李尚龙.你所谓的稳定，不过是在浪费生命[M].长沙：湖南文艺出版社，2016.

[3]培根，王尔德，林徽因，等，方圃译.生命的力量在于不不顺从[M].北京：北京时代华文书局，2016.

[4]刘素平.做一个内心强大的人：每天读点荣格心理学[M].南昌：江西人民出版社，2016.

[5]俞敏洪.愿你的青春不负梦想[M].长沙：湖南文艺出版社，2017.